T0209541

essentials

essentials liefern aktuelles Wissen in konzentrierter Form. Die Essenz dessen, worauf es als „State-of-the-Art" in der gegenwärtigen Fachdiskussion oder in der Praxis ankommt. *essentials* informieren schnell, unkompliziert und verständlich

- als Einführung in ein aktuelles Thema aus Ihrem Fachgebiet
- als Einstieg in ein für Sie noch unbekanntes Themenfeld
- als Einblick, um zum Thema mitreden zu können

Die Bücher in elektronischer und gedruckter Form bringen das Expertenwissen von Springer-Fachautoren kompakt zur Darstellung. Sie sind besonders für die Nutzung als eBook auf Tablet-PCs, eBook-Readern und Smartphones geeignet. *essentials:* Wissensbausteine aus den Wirtschafts-, Sozial- und Geisteswissenschaften, aus Technik und Naturwissenschaften sowie aus Medizin, Psychologie und Gesundheitsberufen. Von renommierten Autoren aller Springer-Verlagsmarken.

Weitere Bände in der Reihe http://www.springer.com/series/13088

Andreas Romer

Lehrer werden

Von der Idee zum Studienstart

Andreas Romer
Münchener Zentrum für Lehrerbildung
Ludwig-Maximilians-Universität München
München, Deutschland

ISSN 2197-6708 ISSN 2197-6716 (electronic)
essentials
ISBN 978-3-658-21920-8 ISBN 978-3-658-21921-5 (eBook)
https://doi.org/10.1007/978-3-658-21921-5

Die Deutsche Nationalbibliothek verzeichnet diese Publikation in der Deutschen Nationalbibliografie; detaillierte bibliografische Daten sind im Internet über http://dnb.d-nb.de abrufbar.

Springer Spektrum
© Springer Fachmedien Wiesbaden GmbH, ein Teil von Springer Nature 2018
Das Werk einschließlich aller seiner Teile ist urheberrechtlich geschützt. Jede Verwertung, die nicht ausdrücklich vom Urheberrechtsgesetz zugelassen ist, bedarf der vorherigen Zustimmung des Verlags. Das gilt insbesondere für Vervielfältigungen, Bearbeitungen, Übersetzungen, Mikroverfilmungen und die Einspeicherung und Verarbeitung in elektronischen Systemen.
Die Wiedergabe von Gebrauchsnamen, Handelsnamen, Warenbezeichnungen usw. in diesem Werk berechtigt auch ohne besondere Kennzeichnung nicht zu der Annahme, dass solche Namen im Sinne der Warenzeichen- und Markenschutz-Gesetzgebung als frei zu betrachten wären und daher von jedermann benutzt werden dürften.
Der Verlag, die Autoren und die Herausgeber gehen davon aus, dass die Angaben und Informationen in diesem Werk zum Zeitpunkt der Veröffentlichung vollständig und korrekt sind. Weder der Verlag noch die Autoren oder die Herausgeber übernehmen, ausdrücklich oder implizit, Gewähr für den Inhalt des Werkes, etwaige Fehler oder Äußerungen. Der Verlag bleibt im Hinblick auf geografische Zuordnungen und Gebietsbezeichnungen in veröffentlichten Karten und Institutionsadressen neutral.

Gedruckt auf säurefreiem und chlorfrei gebleichtem Papier

Springer Spektrum ist ein Imprint der eingetragenen Gesellschaft Springer Fachmedien Wiesbaden GmbH und ist ein Teil von Springer Nature
Die Anschrift der Gesellschaft ist: Abraham-Lincoln-Str. 46, 65189 Wiesbaden, Germany

Was Sie in diesem *essential* finden können

- Was die Aufgaben von Lehrern und Rahmenbedingungen des Berufs sind
- Was gute Lehrer ausmacht
- Wie man Lehrer wird und welche Alternativen es gibt
- Wie Sie die Entscheidung für den Lehrerberuf vorbereiten können
- Wie Sie das Beste aus Ihrem Lehramtsstudium rausholen

Vorwort

Aus vielen Gründen erscheint Ihnen der Lehrerberuf attraktiv, Sie wissen aber nicht, ob er wirklich für Sie geeignet ist und wie Sie vorgehen können. Mit diesem *essential* erhalten Sie eine kompakte, leicht verständliche Unterstützung für Ihre Fragen zum Lehramt, viele Tipps und Herangehensweisen für Ihren Weg in Studium und Beruf.

Eingeflossen sind Erfahrungen aus vielen Jahren, die ich als Studienberater für Lehramt am Münchener Zentrum für Lehrerbildung (MZL) der Ludwigs-Maximilians-Universität München (LMU) tätig bin. Zusammen mit meinen Kolleginnen und Kollegen habe ich in dieser Zeit eine große Zahl von Studierenden und Studieninteressenten beratend begleitet. Den Klienten, die mir ihr Vertrauen schenkten, und der Zusammenarbeit unseres engagierten Teams am MZL verdanke ich die Motivation zu diesem Band.

Mein herzlicher Dank gilt Christel Blanke und Tanja Riegger für ihre Unterstützung bei der Erstellung des Manuskripts.

Ihnen, liebe Leserin, lieber Leser, wünsche ich nun viel Spaß und eine anregende Lektüre!

Ihr
Andreas Romer

Inhaltsverzeichnis

Lehrer sein heute – Chance und Herausforderung

1

> Der Lehrerberuf ist ein sehr interessanter, verantwortungsvoller, aber auch anstrengender Beruf.

1.1 Eine tragende Säule der Gesellschaft

Der Lehrerberuf gehört zu den ältesten Berufen. Schon in der Antike gab es Lehrer in Elementar- und höheren Schulen (vgl. Terhart 2016, S. 19). In Europa liegt ein Ursprung der Schule in den kirchlichen Lateinschulen des Mittelalters, aus denen letztlich das heutige Gymnasium hervorging. Daneben entstanden ländliche Schulen, die im 19. Jahrhundert ausgebaut wurden und letztlich in der allgemeinen Schulpflicht und der dazugehörigen Volksschule mündeten (vgl. Terhart 2016, S. 21). Die beiden Ansätze näherten sich an und bildeten sich zum heutigen Schulsystem heraus.

Bedeutung der Schule Auch heute gehört der Lehrerberuf trotz mancher Schelte zu den angeseheneren Berufen. Zu Recht, denn die gesellschaftliche Bedeutung der Lehrerinnen und Lehrer (im Folgenden „Lehrer" genannt) ist enorm. Sie sind die entscheidende Größe einer wichtigen Sozialisationsinstanz, der Schule, in der die Kinder und Jugendlichen auf ihr Leben in unserer Gesellschaft vorbereitet werden. Zu dieser Vorbereitung gehören nicht nur breites Wissen und Können in den verschiedenen Fächern, das später v. a. beruflich eingesetzt werden kann, sondern auch die Übernahme von gesellschaftlichen Werten (z. B. demokratische) und Normen (z. B. Pünktlichkeit). Auch wenn die Schule nicht die einzige Instanz für die Entwicklung von Kindern und Jugendlichen ist, übt sie zweifellos einen großen Einfluss auf junge Menschen aus und leistet damit einen wichtigen

© Springer Fachmedien Wiesbaden GmbH, ein Teil von Springer Nature 2018

A. Romer, *Lehrer werden*, essentials,
https://doi.org/10.1007/978-3-658-21921-5_1

Beitrag zu ihrem beruflichen und persönlichen Erfolg. Mit dem Einsatz beachtlicher Ressourcen investieren Schule und Lehrkräfte intensiv in diejenigen, die die folgenden 50 Jahre gestalten werden. Die Gesellschaft ist existenziell darauf angewiesen, dass Schule gut gelingt, und dafür braucht sie gute Lehrer.

Verantwortung der Lehrkraft Daher ist der Lehrerberuf ein Beruf mit großer Verantwortung. Lehrer können prägenden Einfluss nehmen auf die Zukunft junger Menschen – auf ihr Denken, ihre Bewertungsmaßstäbe, ihren Umgang mit anderen, ihre Werte und Normen, ihre Leistungsbereitschaft, ihre Selbstwirksamkeit und vieles mehr. Durch das Verhalten der Lehrer erhalten Schülerinnen und Schüler (im Folgenden „Schüler" genannt) Anerkennung oder Ablehnung für erwünschtes und unerwünschtes Verhalten. Im situativen Kontext dieses Wechselspiels reift ihre Persönlichkeit heran.

1.2 Aufgaben der Lehrer

Jeder kennt Lehrer aus der eigenen Schulzeit Aber *vor* der Klasse zu stehen, ist etwas ganz anderes, als Teil der Klasse zu sein. Es gibt große Unterschiede in der deutschen Schullandschaft zwischen Bundesländern, Schularten, einzelnen Schulen und Fächern, Stadt und Land, was die Aufgabenbereiche der Lehrer betrifft. Der Facettenreichtum des Lehrerdaseins lässt sich nicht erschöpfend darstellen, aber wir können einige charakteristische Aufgaben identifizieren:

- Lehrer unterrichten je nach Schulart und Bundesland zwischen 23,5 und 29 h pro Woche (vgl. Lehrerfreund 2017). Der Unterricht muss detailliert geplant, durchgeführt und nachbereitet werden. So ergeben sich leicht 50 bis 60 h Wochenarbeitszeit, wobei der Aufwand je nach Fach unterschiedlich ist. Trotzdem gibt es Spielräume bei der Arbeitszeitgestaltung und bei den Stundenkontingenten (Teilzeit).
- Die Unterrichtsvorbereitung findet auf inhaltlicher (Wie teile ich den Lehrplan auf die Einzelstunden auf? Was beinhaltet die nächste Stunde?) und auf methodischer Ebene (Für welche Lehreinheiten verwende ich Vortrag, Gruppen- oder Einzelarbeit? Welche Medien setze ich ein?) statt, angepasst auf die unterschiedlichen Schülerniveaus der jeweiligen Altersstufe.

- Heterogenität, Differenzierung, Inklusion: Lehrer müssen sich im Unterricht auf die unterschiedlichen Voraussetzungen ihrer Schüler einstellen. Ausreichende Deutschkenntnisse als Grundlage können bei vielen Schülern nicht mehr vorausgesetzt werden. Je nach Schulart und Einsatzort werden Lehrer mit Aufgaben aus der Sozialarbeit konfrontiert. Eine besondere Herausforderung ist die Einbeziehung von Schülern mit Behinderung, ein Thema, das zunehmend bedeutender wird (Inklusion).
- Mit der fortschreitenden Digitalisierung ändern sich die methodischen Möglichkeiten. Der Einsatz von Tablets, Smartphones, Social Media, Smartboards, Lernprogrammen, Apps usw. bietet neue Chancen für die Unterrichtsgestaltung. Hier gilt es, mit der Zeit zu gehen. Zugleich nimmt die Bedeutung der Vermittlung eines kompetenten und angemessenen Umgangs mit den neuen Medien für Schüler zu.
- Prüfungen sind ein wesentlicher Teil des Jobs. Mit dem Entwerfen und v. a. dem Korrigieren von Prüfungen verbringen z. B. Deutsch- und Sprachlehrer sehr viel Zeit.
- Auch die Erziehung gehört zu den Kernaufgaben des Lehrerberufs. Schüler sollen wichtige Werte entwickeln, etwa Toleranz oder respektvolle Umgangsformen. Dabei haben Lehrer eine Vorbildfunktion, diese Werte nicht nur zu fordern, sondern selbst zu leben.
- Schülern gegenüber haben Lehrer verschiedene Pflichten, die Eltern gerichtlich einklagen können (z. B. Aufsichtspflicht).
- Im Rahmen ihrer Aufsichtspflicht müssen Lehrer auch Drogenproblematiken erkennen. In Notfällen müssen sie Erste Hilfe leisten und die notwendigen Maßnahmen einleiten.
- Da psychische und physische Gewalt an Schulen zugenommen hat, brauchen Lehrer Kenntnisse darüber, wie sie z. B. mit Mobbing umgehen.
- Lehrer müssen vieles bewerten, z. B. auch die Qualifikation der Schüler für weitergehende Schulen, sie werden aber auch selbst ständig beurteilt: durch Schüler, Kollegen, Schulleiter, Eltern.
- Beratung und Information der Eltern: Elternabende, Elterngespräche und auch Zusammenarbeit mit den Eltern dienen dazu, Schüler gemeinsam zu fördern.
- Auch Verwaltungsaufgaben, Lehrerkonferenzen oder Zusatzämter wie die Leitung eines Fachbereichs gehören zum Lehreralltag.
- Für ihre Aufgaben haben Lehrer enge Zeitvorgaben. Der interaktionsreiche Alltag findet im Rahmen eng getakteter Unterrichtszeiten statt. Lehrerzimmer bieten für diese Aufgaben wenig Rückzugsmöglichkeiten, sie werden darum oft zuhause bearbeitet. Die Arbeit im Homeoffice bietet zwar eine gewisse zeitliche Flexibilität, umso mehr ist jedoch diszipliniertes Arbeiten nötig.

- Ferien gibt es auf den ersten Blick reichlich. Natürlich nutzen Lehrer sie zur Erholung, aber auch dazu, ihr Schuljahr zu strukturieren und den Unterricht für ihre Klassen langfristig zu planen. Dazu kommen die Korrektur von Prüfungen und die Vorbereitung von Klassenfahrten, Elternsprechstunden, Projekttagen usw. Auch Fortbildungen und Lehrerkonferenzen finden in den Ferien statt.
- Da Lehrer in ihrer ganzen Person gefordert sind, ist es für sie besonders wichtig, die eigenen Ressourcen zu erhalten, um sich vor psychischen Überbelastungen zu schützen.

1.3 Beamtentum, Verdienst und Aufstiegsmöglichkeiten

Sicherheit Ein Argument, Lehrer zu werden, ist für viele die Verbeamtung. Wer in den staatlichen Schuldienst eingestellt wurde, wird selten gekündigt. Viele Jahre und eine Menge Fleiß, Ausdauer und Notenerfolg müssen in die Ausbildung investiert werden. Allerdings ist die Einstellung selbst keineswegs garantiert. Dazu kommt: Möchte eine Lehrkraft nach einigen Dienstjahren den Beruf wechseln, kann der Wechsel vom Beamten- in den Angestelltenstatus Probleme verursachen.

Verbeamtung Lehrer sein bedeutet nicht automatisch, auch Beamter zu sein. Zwar sind die weitaus meisten Lehrkräfte in Deutschland verbeamtet (77 % im Jahr 2012; vgl. Autorengruppe Bildungsberichterstattung 2014, S. 82), und in den meisten Ländern liegt die Quote der verbeamteten Lehrer noch weitaus höher. Aber auch eine Tätigkeit im Angestelltenverhältnis ist möglich, zumal einige Länder Lehrer nicht verbeamten.

Beamte erhalten zwar im Prinzip den gleichen Bruttolohn wie Angestellte, behalten aber netto (nach Steuern) mehr, weil sie von der Sozialversicherung weitgehend befreit sind. Nur die (private) Krankenkasse müssen sie selbst zahlen, erhalten dafür aber einen Zuschuss vom Staat. Zudem erhalten sie eine Pension, was in der Regel ein Vorteil gegenüber der Rente der Angestellten ist, und können nicht gekündigt werden. Andererseits haben Beamte kein Streikrecht, vielerlei Pflichten und sind weisungsgebunden. Sie können an jeden beliebigen Dienstort innerhalb ihres Landes versetzt werden, was die Schulversorgung auch an unbeliebteren Orten sichert.

Aus der Abb. 1.1 wird ersichtlich, dass bis auf Berlin, Thüringen und Sachsen alle Länder Lehrer verbeamten. In manchen Ländern wie Bayern wird fast jeder verbeamtet. Da die meisten Lehrer auch Beamte sein wollen, haben Länder ohne Verbeamtung tendenziell größere Schwierigkeiten, Lehrer zu finden – eine Chance für Absolventen, die in ihrem Land vorerst keine Stelle erhalten haben. Für die Verbeamtung gelten gewisse Kriterien. Besonders relevant:

- Der Kandidat muss eine EU-Staatsangehörigkeit haben, darf nicht vorbestraft sein und das je nach Land von 40 bis 50 Jahren reichende Höchstalter nicht überschreiten.
- Die gesundheitliche Eignung für Gegenwart und Zukunft („Lebensdienstzeit") wird vom Amtsarzt überprüft. Dabei bilden gut eingestellte chronische Krankheiten, die der Erfüllung der Dienstaufgaben nicht im Wege stehen, in der Regel kein Hindernis. In anderen Fällen wird i. d. R. zu einem späteren Zeitpunkt nachuntersucht.

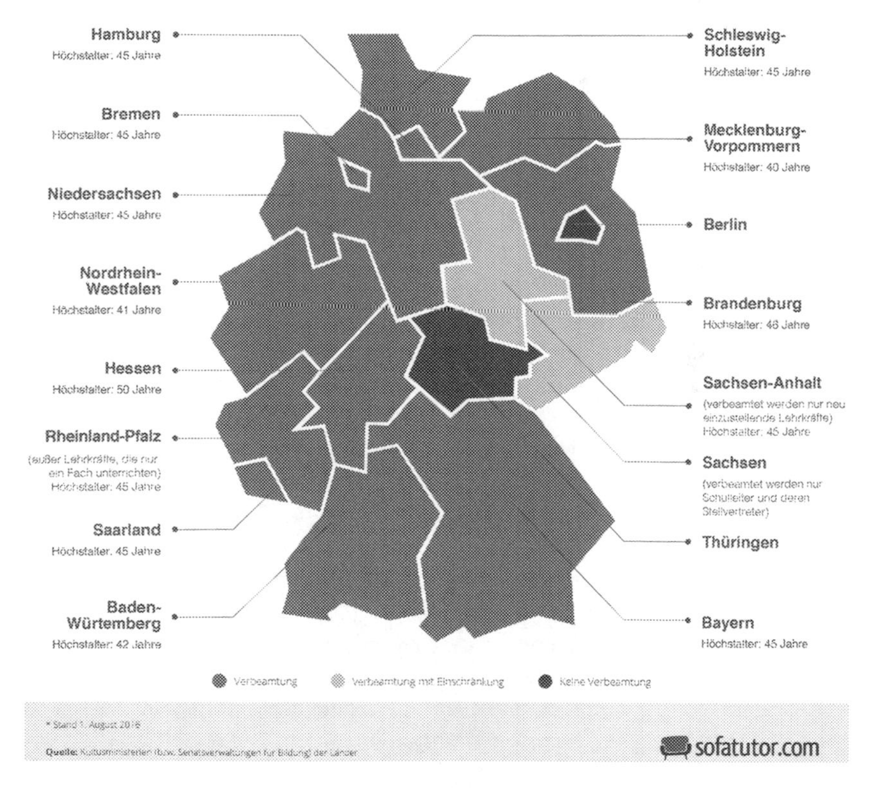

Abb. 1.1 Wo werden Lehrer verbeamtet? (© sofatutor.com). (Quelle: http://magazin.sofatutor.com/lehrer/2014/07/14/infografik-wo-werden-lehrer-verbeamtet/)

Wer aus gesundheitlichen oder Altersgründen nicht verbeamtet werden kann oder keine EU-Staatsangehörigkeit hat, kann normalerweise im Angestelltenverhältnis eingestellt werden.

> **Tipp** Der Sorge vor der Gesundheitsuntersuchung begegnen Sie am besten mit direkter Information. Rufen Sie (auch anonym) bei dem für Sie zuständigen Amtsarzt an und erkundigen Sie sich über die konkreten Anforderungen an Ihren Gesundheitszustand. Prinzipiell ist die Behandlung von Krankheiten (Depression, Diabetes usw.) zum Zeitpunkt des Auftretens sinnvoll und wichtig. Das Warten auf einen Zeitpunkt nach der Untersuchung, um die Behandlung nicht angeben zu müssen, kann ein ernsthaftes Risiko bilden.
>
> Wer schwer chronisch krank ist, kann überlegen, ob er einen Schwerbehindertenstatus beantragen kann und möchte. Dies bietet dem Amtsarzt unter Umständen Möglichkeiten zur Bewertung auf einer günstigeren Grundlage. Informieren Sie sich vorab!

Verdienst Als Beamte erhalten Lehrer eine Besoldung, der aus öffentlich zugänglichen Besoldungstabellen hervorgeht. Als grobe Richtwerte für den Jahresverdienst kann man sagen: Grundschullehrer werden anfangs nach A12 mit durchschnittlich ca. 43.000 EUR für Berufsanfänger, Gymnasiallehrer nach A13 besoldet und verdienen damit ca. 50.000 EUR Lehrer der Sekundarstufe I liegen mit rund 45.000 EUR dazwischen. Mit den Dienstjahren steigen die Gehälter. Lehrer am Ende ihrer Laufbahn verdienen zwischen 55.000 und 65.000 EUR (vgl. Das Infoportal für den öffentlichen Dienst 2017). Dabei muss auch beachtet werden, dass die Abzüge von der Besoldung deutlich geringer ausfallen als bei Angestellten und dass Pensionsansprüche dazukommen. Angestellte Lehrer werden nach TV-L brutto (vor Steuern) ähnlich bezahlt. Zwischen den Bundesländern gibt es Unterschiede bei der Entlohnung.

Aufstiegsmöglichkeiten Ein Leben lang Lehrer? Darauf müssen sich Lehramtsabsolventen einstellen. Trotzdem gibt es viele Möglichkeiten, Abwechslung in der Tätigkeit mit einer Beförderung zu verknüpfen (vgl. Tresselt 2016):

- Koordinations- bzw. Funktionsstellen: Lernmittelbeschaffung, Fachbereiche und viele andere Dinge müssen koordiniert werden. Dafür gibt es Beförderungsämter, die Lehrer übernehmen können.

- Schulleitung: Als Schnittstelle zwischen Lehrerschaft, Schulträger, Eltern und Schülerschaft gewährleistet die Schulleitung den Schulbetrieb. Dadurch haben Schulleiter viel mehr Verwaltungsaufwand als Unterrichtsstunden.
- Stellen in der Schulaufsicht: Dies stellt einen echten Wechsel in das Behördenwesen dar – Büro statt Klassenzimmer, Besprechungen statt Konferenzen und Urlaubstage statt Schulferien. Zu den Voraussetzungen dafür gehört Erfahrung in der Leitung von Schulen.
- Stellen in der Lehrerausbildung: Seminarleiter bilden Lehramtsanwärter im Referendariat aus. Sie arbeiten also mit Erwachsenen und weniger mit Schülern, tendenziell auch nachmittags an den Seminartagen.
- Sozusagen eine Vorstufe dazu sind Praktikumslehrer. Sie hospitieren und betreuen Lehramtsstudenten bei ihren Schulpraktika und erhalten dafür Anrechnungsstunden.
- Stellen außerhalb der Schule: Wen das Lehrerdasein nicht erfüllt oder wer einfach mal etwas anderes machen möchte, kann auf die vielen außerschulischen Möglichkeiten zurückgreifen und so der jugendlichen Schülerschaft entgehen. „Es gibt Stellen in regionalen Bildungsbüros, in Medienzentren, in Volkshochschulen, im Ministerium oder vielen kommunalen Trägern … Es werden pädagogische Mitarbeiter von Universitäten, Museen, Verlagen, Online-Portalen oder Lehrmittelfirmen gesucht" (Tresselt 2016). Dies können Beförderungsstellen oder Abordnungen auf Zeit sein.
- Auslandsschuldienst: Auslandsjahre als Lehrer sind nicht nur spannend und lukrativ, sondern auch gut für die weitere Karriere (vgl. Tresselt 2016). Für den auf drei bis sechs Jahre befristeten Unterricht an deutschen Schulen im Ausland wird mindestens ein Hochschulabschluss, der dem Ersten Staatsexamen entspricht, vorausgesetzt (Zentralstelle für das Auslandsschulwesen).

1.4 Berufsaussichten

Lehrerbedarfsprognosen Auch das Stellenangebot im Lehrerberuf unterliegt Zyklen. Phasen des hohen Lehrerbedarfs weichen nach langen Jahren solchen des Überangebots an Absolventen, um dann wieder von Bedarfsphasen abgelöst zu werden. Zur Orientierung berechnen viele Länder Lehrerbedarfsprognosen, in denen die unterschiedlichen Bedarfe der Schularten und -fächer vorausberechnet werden. Sie stellen für Berufseinsteiger ein Dilemma dar: Soll er oder sie den Empfehlungen folgen oder sich antizyklisch verhalten? Denn falls alle der Empfehlung folgten, träte das Gegenteil ein: Bedarf, wo zuvor keiner war, und Überangebot, wo Bedarf gemeldet wurde. Die Praxis zeigt jedoch, dass die Prognosen oft lediglich etwas trendmildernd wirken.

Aussagekraft Zunächst einmal muss man wissen, dass Prognosen nicht eine unumstößliche Zukunft vorhersagen, sondern einen von mehreren möglichen Fällen. Während man z. B. die Schülerzahlen anhand der Geburtenstatistik relativ gut vorhersagen kann, ebenso wie die Zahl der Lehrer, die in Ruhestand gehen werden, sind krankheitsbedingte Ausfälle und politische Ereignisse wie die Zahl der Schuljahre im Gymnasium, die künftige Maximalgröße von Schulklassen oder die große Zahl von Einwanderern im schulpflichtigen Alter im Jahr 2015 nur bedingt bis gar nicht berechenbar. Die Prognose bildet also den wahrscheinlichen, aber keineswegs zwangsläufigen Fall ab, dass alle Annahmen eintreffen, und irrt sich, wenn Unvorhergesehenes passiert. Sie wird zudem immer unwahrscheinlicher, je weiter sie sich in die Zukunft richtet.

Aktuelle Vorhersagen Die zu Redaktionsschluss jeweils aktuellen Prognosen der Bundesländer halten die Einstellungschancen in den meisten Lehrämtern in den nächsten sechs bis sieben Jahren für relativ günstig. Dies gilt vor allem für Förderschulen (außer im Fach Pädagogik bei geistiger Behinderung) und Berufliche Schulen (v. a. technische Richtungen). Die Lehrämter Mittel- und Grundschule haben derzeit einen hohen Einstellungsbedarf, der sich mittelfristig etwas abschwächt. In der Sekundarstufe I (Realschularten) sind die Einstellungschancen tendenziell durchwachsen. Die Nachfrage nach Gymnasiallehrern bleibt recht niedrig, da es hier derzeit hohe Studierendenzahlen gibt. Gute Chancen haben an Realschularten und Gymnasien in aller Regel Mathematik, Informatik, Physik und Chemie sowie Deutsch als Zweitsprache. In manchen Bundesländern spielt die Fächerwahl bei Lehramt Grundschule oder Mittelschule jedoch keine Rolle für die Einstellung.

Bei dieser gesamtdeutschen Einschätzung ist zu berücksichtigen, dass sich die Lagen in den verschiedenen Ländern unterscheiden können, insbesondere was Grundschule und Sekundarstufe I betrifft. Von diesen Unterschieden können flexible Absolventen profitieren, indem sie das Bundesland (z. B. zum Referendariat) wechseln.

Neue Studien kommen zu dem Schluss, dass es 2025 deutlich mehr Schüler geben wird als bisher angenommen und so ein weitaus größerer Einstellungsbedarf für Lehrkräfte entsteht, als die hier referierten Prognosen aussagen (vgl. Klemm und Zorn 2017). Insbesondere in der Grundschule verschärfe sich der Lehrermangel in einigen Bundesländern (vgl. Klemm und Zorn 2018). Es bleibt abzuwarten, ob die Länder (unter Berücksichtigung ihrer tatsächlichen Einstellungsabsichten) ihre Prognosen korrigieren.

Tipp Suchen Sie im Internet nach der aktuellen Lehrerbedarfsprognose Ihres Ziellandes. Falls Sie nicht fündig werden, wenden Sie sich an das Kultusministerium.

Rollenvorbilder Da Frauen ca. drei Viertel der Lehrkräfte stellen (Grundschullehramt 90 %; vgl. News4teachers 2016), halten Bildungsforscher im Hinblick auf ein breiteres Angebot an Rollenvorbildern einen höheren Anteil von Männern für wünschenswert. Erwünscht sind zudem mehr Lehrkräfte mit Migrationshintergrund, die bisher in den Schulen unterrepräsentiert sind, gegenüber einer bunten Schülerschaft aber eine wichtige Vorbildfunktion haben.

Wie soll man mit der Lehrerbedarfsprognose umgehen? Mehr dazu in Abschn. 4.2.

Literatur

Autorengruppe Bildungsberichterstattung. 2014. *Bildung in Deutschland 2014*. Bielefeld: Bertelsmann.

Das Infoportal für den öffentlichen Dienst. 2017. www.oeffentlichen-dienst.de/news/69-gehalt/300-grundschullehrer-gehalt-lehrergehalt.html.

Klemm, Klaus, und Dirk Zorn. 2017. *Demografische Rendite adé. Aktuelle Bevölkerungsentwicklung und Folgen für die allgemeinbildenden Schulen*. Gütersloh: Bertelsmann Stiftung. http://www.bertelsmann-stiftung.de//de/publikationen/publikation/did/demographische-rendite-ade/.

Klemm, Klaus, und Dirk Zorn. 2018. *Lehrkräfte dringend gesucht. Bedarf und Angebot für die Primarstufe*. Gütersloh: Bertelsmann Stiftung. https://www.bertelsmann-stiftung.de//de/publikationen/publikation/did/lehrkraefte-dringend-gesucht/.

Lehrerfreund. 2017. Pflichtstunden der Lehrer/innen in den Bundesländern. www.lehrer-freund.de/schule/1s/lehrer-deputat-pflichtstunden/4370.

News4teachers. 2016. Jetzt ist es (quasi) amtlich: Lehrer ist ein Frauenberuf! www.news-4teachers.de/2016/11/jetzt-ist-es-quasi-amtlich-lehrer-ist-ein-frauenberuf-die-letzte-maennerbastion-das-gymnasium-ist-gefallen/.

Terhard, Ewald. 2016. Geschichte des Lehrerberufs. In *Beruf Lehrer/Lehrerin*, Hrsg. Martin Rothland, 17–32. Münster: Waxmann.

Tresselt, Paul. 2016. www.tresselt.de/befoerderung.htm.

2 Was macht eine gute Lehrerin, einen guten Lehrer aus?

> Ein guter Lehrer handelt zum Wohl seiner Schüler und vergisst dabei auch seine eigenen Bedürfnisse nicht.

Was macht gute Lehrer aus? Über diese Frage machen sich Forscher und Praktiker seit Langem Gedanken. Ob streng oder nachgiebig, ob Frontalunterricht oder Gruppenarbeit – klar ist, dass es viele Arten gibt, ein guter Lehrer zu sein und guten Unterricht zu machen. Dennoch bleibt ein Kern von Aspekten, die gute Lehrer ausmachen, je nach Schulart in unterschiedlicher Ausprägung.

Lehrer-Schüler-Beziehung Eine Lehrerin, ein Lehrer kann nicht für sich alleine gut sein, sondern immer erst im Zusammenspiel mit den jeweiligen Schülern. Gute Lehrer bemühen sich stets um eine vertrauensvolle, dem Lehrer-Schüler-Verhältnis angemessene Beziehung und stellen sich dabei ein auf deren Unterschiedlichkeit. Diese Beziehung ist die essenzielle Basis für jegliches Lehrerhandeln.

Doppelrolle Lehrer sein heißt eine Doppelrolle erfüllen. Die Herausforderung besteht darin, die Schüler innerhalb einer Klassengemeinschaft dazu zu bringen, den angebotenen Lernstoff zu lernen. Da die Schüler hinsichtlich ihrer Herkunft, Interessengebiete, intellektuellen Fähigkeiten, Frustrationstoleranzen usw. sehr unterschiedlich sind, kommt der individuellen Förderung großes Gewicht zu. Gleichzeitig müssen Lehrer mit der ganzen Klasse umgehen, also auch mit den ihr eigenen Gruppenprozessen, Störverhalten und allen Arten von Widerstand. Lehrern fällt also in der Klasse eine Doppelrolle zu: als Lernbegleiter für den einzelnen Schüler und als Leiter der Klasse in ihrer Gesamtheit, wo sie für eine günstige Lernatmosphäre sorgen (vgl. Guggenbühl 1995, S. 90 f.).

© Springer Fachmedien Wiesbaden GmbH, ein Teil von Springer Nature 2018

A. Romer, *Lehrer werden*, essentials,
https://doi.org/10.1007/978-3-658-21921-5_2

2.1 Lehrer als Lernbegleiter

Warum sind Lehren und Lernen eigentlich so schwierig? Zunächst einmal kann Wissen nicht übertragen werden, sondern „muss im Gehirn eines jeden Lernenden neu geschaffen werden“ (Roth 2004, S. 496). Jede Information wird mit dem vorhandenen Vorwissen des Zuhörers oder Lesers verglichen. Daraus wird ihre mögliche Bedeutung neu konstruiert. Wenn notwendiges Vorwissen fehlt, wird entweder keine (Lernerfolg bleibt aus) oder eine andere Bedeutung als die des Sprechers (Missverständnis) geschaffen. Der Zuhörer lernt dann etwas anderes, als er lernen soll, oder fragt, worum es eigentlich geht (vgl. Roth 2004, S. 498).

Biologisch ist Lernen eine längerfristige neuronale Umstrukturierung und für das Gehirn aufwendig sowie energetisch teuer. Der Lernende erlebt dies als anstrengend. Darum prüft das limbische System (Ort für emotionaler Bewertung und Verhaltenssteuerung), ob sich der Aufwand zum Hinhören, Lernen und Üben lohnt, d. h. „ob es gut/vorteilhaft/lustvoll war und entsprechend wiederholt werden sollte, oder schlecht/nachteilig/schmerzhaft und entsprechend zu meiden ist“ (Roth 2004, S. 499 f.). Dieser Prozess läuft unbewusst ab und ist deshalb nur durch günstige Rahmenbedingungen und Beziehungsimpulse beeinflussbar. Verneint das Gehirn die Frage, ob es sich lohnt, reagieren Schüler mit innerem und evtl. auch äußerem Widerstand. Sie schalten ab oder stören den Unterricht und beschäftigen sich mit Dingen, die ihnen kurzfristig mehr Befriedigung verschaffen. Selbst wenn sie die Aufgaben irgendwie erledigen, lernen sie nicht wirklich, auch wenn es äußerlich so aussehen mag!

Zu den größten, teils unbewusst arbeitenden Faktoren, die entscheidend für den Lernprozess sind und den Schülern das Gefühl geben: „Es lohnt sich“, gehören:

- Vertrauenswürdigkeit der Lehrkraft. Innerhalb einer Sekunde werden Gesichtsausdruck, Stimme und Körperhaltung auf Vertrauenswürdigkeit überprüft. Schüler spüren, ob Lehrer motiviert sind, ihren Stoff verstehen und sich damit identifizieren (vgl. Roth 2004, S. 500 f.).
- Begeisterung für Lehrer und Stoff, Ausmaß des Vorwissens und Vorinteresses, also die individuellen Lernvoraussetzungen der Schüler. Für Lehrer ist es wichtig, ihre Schüler zu kennen, insbesondere im Hinblick auf ihre Vorkenntnisse, Interessen und Lernstile. So können sie passende Aufgaben stellen und in Varianten darbieten (z. B. sprachlich, bildlich und infrage und Antwort; vgl. Roth 2004, S. 502).

- Die Motiviertheit und Lernbereitschaft der Schüler. Die Lernsituation muss als attraktiv empfunden werden. Starker Stress, Versagensängste und Gefühle der Bedrohung hemmen den Lernerfolg massiv (vgl. Roth 2004, S. 503). Günstig sind angemessen anstrengende Aufgaben in Begleitung von positiven Signalen.
- Die Motiviertheit für einen bestimmten Lernstoff. Da Wissenserwerb umso leichter fällt, je mehr an Vorwissen angeknüpft werden kann, ist es sinnvoll, neuen Stoff anschaulich und alltagsnah anzubieten. Tieferes Wissen kann dann an dieses neu gelernte Vorwissen anknüpfen (vgl. Roth 2004, S. 504 f.).

Positive Lernerfahrungen Damit Lehrer die Bereitschaft der Schüler zum Lernen gezielt aktivieren können, brauchen sie die richtige innere Einstellung, um unterstützende positive Reaktionen auszusenden, etwa durch eine aufmunternde Stimme, zugewandte Körperhaltung usw. Dies z. B. in Workshops zu trainieren, lohnt sich. Auch Aufgabenstellungen, die so für den jeweiligen Schüler ausgewählt sind, dass sie sich Schritt für Schritt mit Erfolg den Stoff erarbeiten können und sich bei Fehlern Zeit lassen dürfen, um daraus zu lernen, sind wichtig, damit die Schüler positive Lernerfahrungen machen. Positive Lernerfahrungen bedeuten den Aufbau einer inneren Haltung der Selbstwirksamkeit: „Ich kann es schaffen!" Durch schlechte Erfahrung beim Lernen kommt es jedoch häufig zu Lern- und Leistungsstörungen, allgemein oder in bestimmten Bereichen, die sich ein Leben lang halten können (vgl. Jansen und Streit 2006, S. 4 ff.).

Das Buch „Positiv Lernen" von Fritz Jansen und Ulla Streit (1995) liefert hier wertvolle Beiträge. Es gibt detaillierte Anweisungen zum Aufbau einer günstigen Eigensteuerung beim Lernen anhand von Bildmaterial. Auch geeignete Mittel im Umgang mit Lernwiderständen und Machtkämpfen beim Lernen werden je nach Verfestigungsgrad der Widerstände aufgezeigt. Da Studierende häufig selbst ein ungünstiges Lernverhalten haben, erfahren sie hier auch, wie sie dieses schrittweise durch ein Selbstmanagement-Training abbauen und zu einer positiven inneren Haltung dem Lernen gegenüber kommen können. Das Wichtigste dabei ist, sich für jeden Schritt zu belohnen. Die Rolle des Belohnungszentrums im Gehirn ist von so ausschlaggebender Bedeutung, dass sich Lehrer damit gut auskennen sollten, auch für die Pflege ihrer eigenen Motivationssysteme.

2.2 Lehrer als Leiter der Klasse

Damit Lerninhalte gut verankert werden können, brauchen Lernende eine möglichst ruhige und angstfreie Lernatmosphäre. Dafür zu sorgen ist die Aufgabe von Lehrern in ihrer Eigenschaft als Leiter der Klasse.

Klassen und Methoden Viele Studierende haben eine Vorliebe für eine bestimmte didaktisch-pädagogische Methode und sind davon überzeugt, dass diese die besten Voraussetzungen für das Lernen schafft. Aber was ist, wenn sie in die Schule kommen, vor einer unbekannten Klasse stehen und der Gruppenunterricht in Chaos ausartet, beim Frontalunterricht nicht zugehört wird oder im Werkunterricht die Aufgaben nicht erledigt werden? Dann müssen sie sich erst mal auf diese spezielle Klasse einstellen.

Genauso wenig, wie es den Schüler an sich gibt, gleichen sich alle Klassen. Jede Klasse, jede Gruppe hat charakteristische Merkmale: fordernd oder zurückhaltend? Unkonzentriert? Darum ist es hilfreich, mit etwas Zeit herauszufinden, wie man mit der vorliegenden Klasse arbeiten kann, und sich dabei folgende Fragen zu stellen: Welche Gruppierungen gibt es in der Klasse? Wer gibt den Ton an? (vgl. Guggenbühl 1995, S. 112 f.). Um das zu einschätzen zu können, brauchen Lehrer ein profundes Wissen über Gruppendynamik und möglichst viel eigene Erfahrung in der Arbeit in und mit Gruppen. Außerdem müssen sie die spezifischen Vorteile der einzelnen Unterrichtsmethoden kennen, um sie an die jeweilige Klassensituation anpassen zu können und so die beschriebenen Schwierigkeiten zu vermeiden.

Unterrichtsstörungen Als Lehrer ist man mit allen Arten von unangepasstem Verhalten konfrontiert. Altersentsprechende aggressive Auseinandersetzungen (Raufereien), Regelverletzungen und Unruhe gehören zum Alltag. Hier besteht die Aufgabe der Lehrkraft darin, Verhaltensrichtlinien vorzugeben und die Schüler zu positivem Sozialverhalten anzuleiten. Gerade in diesem Bereich ist Erziehung notwendig, denn aggressive Impulse zu hemmen und Bedürfnisse aufzuschieben muss erlernt und geübt werden. Hierfür brauchen Lehrer Geduld und Humor, um diese Konflikte und Widerstände, die v. a. in der Mittelstufe vorkommen, gelassen ertragen zu können.

Anders bei auffälligen und besonders störenden Verhaltensweisen Einzelner. Allgemein gesprochen kann man in der Grund- und Mittelstufe schwerpunktmäßig von vier Arten auffälligen Verhaltens ausgehen (bei Älteren differenziert sich das Verhalten; vgl. Dreikurs et al. 2009, S. 37 ff.):

1. Nach unangemessener *Aufmerksamkeit* streben
2. *Macht* ausüben, anderen den eigenen Willen aufzwingen
3. *Rache* üben: z. B. eigene Verletzungen durch Verletzungen anderer an diese weitergeben
4. Unzulänglichkeit zur Schau stellen als Zeichen tiefer *Entmutigung*

Lehrer, die sich die dahinterliegenden Motive des Verhaltens des Schülers, der apathisch, aggressiv oder zappelig ist, vorstellen können, sind eher in der Lage, angemessene Wege zu finden, damit umzugehen. So kann z. B. ein Kind, dem es um Macht geht, zu verantwortungsvollen Aufgaben herangezogen werden, um so den Druck für beide Seiten aus der Situation zu nehmen (vgl. Dreikurs et al. 2009, S. 37 ff.). Hier ist also psychologisches Verständnis unbedingt erforderlich.

Mobbing Besonders herausfordernd ist der Umgang mit Mobbingprozessen. Da Mobbing und Cybermobbing zugenommen hat, sind Lehrer verstärkt damit konfrontiert. Häufig vertrauen sich Schüler niemandem an, da sie verschlimmerndes Verhalten von den Vertrauenspersonen fürchten. In diesem Bereich bieten sich also Fortbildungen an, um Mobbing erkennen und angemessen handeln zu können, und zu wissen, wann man sich besser an geeignete Beratungsstellen wendet.

Um Mobbingverhalten in der Klasse vorzubeugen, sind regelmäßige Gespräche mit den Schülern zusammen darüber, welches Verhalten geduldet wird und welches nicht, sehr wichtig. Zusammen werden Regeln und Rituale im Umgang mit Gewalt beschlossen: Wie wollen wir reagieren, wenn ein Klassenkamerad bedroht wird? An wen kann sich ein Schüler vertraulich wenden? Was tun, wenn Waffen auftauchen? Was kann die Lehrkraft dazu beitragen? Lehrer achten hierbei auf die Angemessenheit der Sanktionen. Durch Offenlegung und Diskussion der Probleme merken Schüler, dass sie selbst wichtige Beiträge leisten und ihre Lernumgebung bis hin zum Verhalten der Lehrkraft aktiv positiv beeinflussen können. Die Hürde für unangemessenes Verhalten wird dadurch erhöht: Wer jetzt noch Gewalt ausübt, muss damit rechnen, dass sich die gesamte Klasse gegen ihn stellt. Die Umkehrung einer bedrohlichen in eine positive Situation kann zu großem Gewinn in Bezug auf Selbstvertrauen und Gemeinschaftserleben führen (vgl. Guggenbühl 1995, S. 135 ff.).

Wenn sich die Klasse mit auffälligen Schülern solidarisiert, kann es so weit kommen, dass die Situation in einem sich selbst verstärkenden Prozess aus Machtlosigkeit des Lehrers und Schülergewalt so weit eskaliert, dass der Lehrer die Klasse nicht mehr führen kann. Spätestens dann ist Hilfe von außen unerlässlich, z. B. durch ein Kriseninterventionsprogramm. Ziel dabei ist, Täter nicht auszugrenzen, sondern wieder zu integrieren. Von Schuldzuweisungen und Verurteilungen wird dabei Abstand genommen (z. B. beim „No-Blame-Approach"), da sonst eine Spirale der Eskalation droht. Für Lehrer ist es wichtig, die Grenzen ihrer Einflussmöglichkeiten zu erkennen und Schüler, die größere Auffälligkeiten aufweisen, evtl. an eine andere Stelle, z. B. eine psychologische Beratung, zu verweisen.

Zusammenarbeit mit den Schülern Wohlwollen des Lehrers den Schülern gegenüber ist Voraussetzung für eine gute Zusammenarbeit. Ein Lehrer, der freundlich ist, ohne sich anzubiedern, schafft eine gute Arbeitsatmosphäre. Dabei geht es nicht darum, dass Lehrer sich stets perfekt verhalten, denn Schüler wollen authentische Lehrer, die auch Gefühle zeigen und zu ihren Schwächen stehen (vgl. Bauer 2008, S. 72). Schüler sind durchaus bereit, ihre eigenen Lernmängel anzuerkennen, wenn sie nicht mit Demütigung und Bloßstellung verbunden sind. Für sie ist wichtig, dass sie spüren und vermittelt bekommen, dass sie die Fähigkeit in sich haben, es zu schaffen. Wenn Lehrer für Schüler offen sind, erhalten sie erstaunliche Impulse in vielen Lebensbereichen, durch ihre Neugierde, ihre Orientierung am Lustprinzip, ihre Fragen und Perspektiven auf die Welt und ihre eigenen Lebenswelten, die häufig durch neue technische Möglichkeiten, Zugehörigkeit zu einer jugendlichen Subkultur und nicht zuletzt durch ihre persönlichen Probleme gekennzeichnet sind.

Oft sind Lehrer die einzigen Vertrauenspersonen, die Schüler ansprechen können, oder diejenigen, denen Schülerprobleme auffallen. Das Wissen, eine wichtige Rolle zu spielen und unter Umständen für das Leben einzelner Schüler eine große Bedeutung zu haben, kann eine lebenslange Motivation für Lehrer sein, sich den Anforderungen des Berufs zu stellen, sich immer wieder neu zu motivieren und für seine Interessen und Werte einzusetzen.

Als unermüdliche Ermutiger achten Lehrer darauf, wenn ein Schüler nicht weiter ermutigt werden kann, diesen wenigstens nicht zu entmutigen. Der berühmte Psychoanalytiker Alfred Adler sagt (Adler 1976, S. 50):

> Die wichtigste Aufgabe eines Erziehers besteht darin, Sorge zu tragen, dass kein Kind in der Schule entmutigt wird und dass ein Kind, das bereits entmutigt in die Schule eintritt, durch seine Schule und durch seine Lehrer Vertrauen in sich selbst gewinnt.

Umgang mit sich selbst Da Lehrer sein ein mit großen Anstrengungen und Herausforderungen verbundener Beruf ist, ist es vorteilhaft, dass sich Lehrer nicht als Einzelkämpfer verstehen, sondern hilfreiche Zusammenarbeit suchen. Um nicht dauerhaft überfordert zu sein, gilt es, sich gut zu überlegen, welches Arbeitspensum man bewältigen kann, und sich Gedanken über ein passendes Stundenkontingent zu machen, sodass genügend Zeit für eigene Interessen und Erholung übrig bleibt.

Tipp An dieser Stelle seien beispielhaft zwei nützliche Institutionen erwähnt:

- Faustlos: Das Programm des Heidelberger Präventionszentrums zielt auf die Prävention von Gewalt durch den Erwerb sozialer Kompetenzen zur Konfliktlösung ab www.h-p-z.de.
- IGP: Das Institut für Gesundheit in pädagogischen Berufen des Bayerischen Lehrer- und Lehrerinnenverbandes bietet professionelle Unterstützung bei gesundheitlichen Belastungen www.bllv.de.

Vorbereitung Schnell kommt im Referendariat der Zeitpunkt, an dem man alleine vor der Klasse steht und alles auf einmal auf einen zukommt: eigener Unterricht, spontane Vertretungsstunden, problematische Schüler, Elternbeschwerden, defekter Kopierer und am nächsten Tag das Gleiche oder Schlimmeres. Günstig ist es daher, sich bereits vor dem Referendariat auf die berufliche Wirklichkeit vorzubereiten:

- So viel Praxiserfahrung wie möglich sammeln und sich inner- und außerhalb der Universität um fundiertes theoretisches Wissen in allen relevanten Bereichen bemühen.
- Sich eine Schatzkiste von interessantem Unterrichtsmaterial für verschiedene Altersstufen anlegen. Das können Filme, Dokumentationen, Vorträge, Spiele, Software, Apps, Kinderbücher, ganze Unterrichtsreihen sein, die sich für Einstiege in verschiedene Themenbereiche, für Einzelstunden (Vertretungsstunden) oder für den wichtigen Plan B (wenn Plan A gerade gescheitert ist) eignen.

Literatur

Adler, Alfred. 1976. *Kindererziehung*. Frankfurt a. M.: Fischer.
Roth, Gerhard. 2004. Warum sind Lehren und Lernen so schwierig? *Zeitschrift für Pädagogik* 50 (4): 496–506.

Wie wird man Lehrer? 3

> Um Lehrer zu werden, muss man zwei Phasen erfolgreich durchlaufen: ein theoriebetontes Lehramtsstudium und einen Vorbereitungsdienst (Referendariat), in dem die Lehramtsanwärter bereits regulär Unterricht in Schulklassen geben. Beide Phasen werden benotet. Die Gesamtnote spielt eine wichtige Rolle bei der Einstellung. Daneben gibt es alternative Möglichkeiten, Lehrer zu werden.

3.1 Phase 1: Das Lehramtsstudium

Ein Studium ist technisch gesehen eine Liste von zu erwerbenden Wissensgebieten Diese werden durch *Veranstaltungen* (Vorlesungen, Seminare, Übungen etc.) vermittelt, die selbstständig vor- und nachbereitet werden und deren Erfolg in Prüfungen gemessen wird. Prüfungsformen können Klausuren, schriftliche Hausarbeiten, Essays, Portfolios, Referate oder mündliche Prüfungen sein. *Module* fassen mehrere Veranstaltungen in sinnvolle Einheiten zusammen, die auch gemeinsam geprüft werden können. Um den Arbeitsaufwand (Präsenzzeit in der Veranstaltung zzgl. Vor- und Nachbereitung) transparent zu machen, wird eine Anzahl von *ECTS-Punkten* (auch: Creditpoints, Leistungspunkte; LP) zugeordnet. Ein Punkt steht dabei für 30 Arbeitsstunden. Je Semester werden ca. 30 Punkte erworben. Die Anzahl der Punkte kann zudem bei der Notengebung eine Gewichtung darstellen. Je mehr ECTS-Punkte, desto größer wäre dann das Gewicht der Note für die Abschlussnote des Studiums.

Lehramtsstudium Das Lehramtsstudium umfasst entgegen landläufigen Meinungen nicht vor allem Pädagogik, sondern

© Springer Fachmedien Wiesbaden GmbH, ein Teil von Springer Nature 2018

A. Romer, *Lehrer werden,* essentials,
https://doi.org/10.1007/978-3-658-21921-5_3

- zum Großteil wissenschaftliche Inhalte *eines oder zweier Unterrichtsfächer* (z. B. Deutsch, Mathematik), daneben die Theorie, wie diese Fächer schülergerecht unterrichtet werden können *(Fachdidaktik),*
- daneben Elemente aus den *Erziehungswissenschaften* (EWS; Bildungswissenschaften)
- sowie *Schulpraktika*
- und eine schriftliche Hausarbeit („Zulassungsarbeit").

Der Zeitrahmen des Studiums ist festgelegt (Regelstudienzeit) und darf um einige Semester überschritten werden (bis zur maximal möglichen Studiendauer) (Abb. 3.1).

Fächer Studierbare Fächer sind: Biologie, Chemie, Deutsch, Deutsch als Zweitsprache, Englisch, Französisch, Geografie, Geschichte, Informatik, Kunst, Mathematik, Musik, Philosophie/Ethik, Physik, Religionslehre (Evangelische, Katholische, z. T. Islamische), Sozialkunde (auch: Gemeinschaftskunde, Politik und Wirtschaft), Sport, Wirtschaftswissenschaften. Je nach Schulart und Hochschule können weitere Fächer studiert werden oder hier aufgelistete wegfallen. Das Studium kann zumeist um ein oder mehrere zusätzliche Fächer erweitert werden (s. Abschn. 5.3). Reine Erweiterungsfächer sind u. a. Darstellendes Spiel, Medienpädagogik oder (in Regelschulen) sonderpädagogische Fachrichtungen.

EWS Zu den Lehrinhalten der Erziehungswissenschaften gehören Allgemeine Pädagogik (Wissenschaft von der Bildung und Erziehung von Kindern; Thema im Studium z. B. Sozialisation), Schulpädagogik (Gestaltung von Schule und Unterricht; z. B. Lehrerprofession, Leistungsbeurteilung) und Psychologie (z. B. Entwicklung im Kindes- und Jugendalter, Lehren und Lernen, Diagnostik).

Praktika Übliche Praktika sind:

- Ein einführendes (Orientierungs-)Praktikum vor oder zu Beginn des Studiums, das durch Hospitation, Kleingruppenbetreuung und erste Unterrichtsversuche geprägt ist und so ein erstes Einfühlen in den Lehrerberuf ermöglicht.
- Ein Blockpraktikum, durch das eigenständiges Unterrichten in einem mehrwöchigen Zeitraum geübt wird.
- Ein oder mehrere studienbegleitende Praktika, die an eines der studierten Fächer gebunden sind und an einem festen Tag der Woche während des Semesters stattfinden.

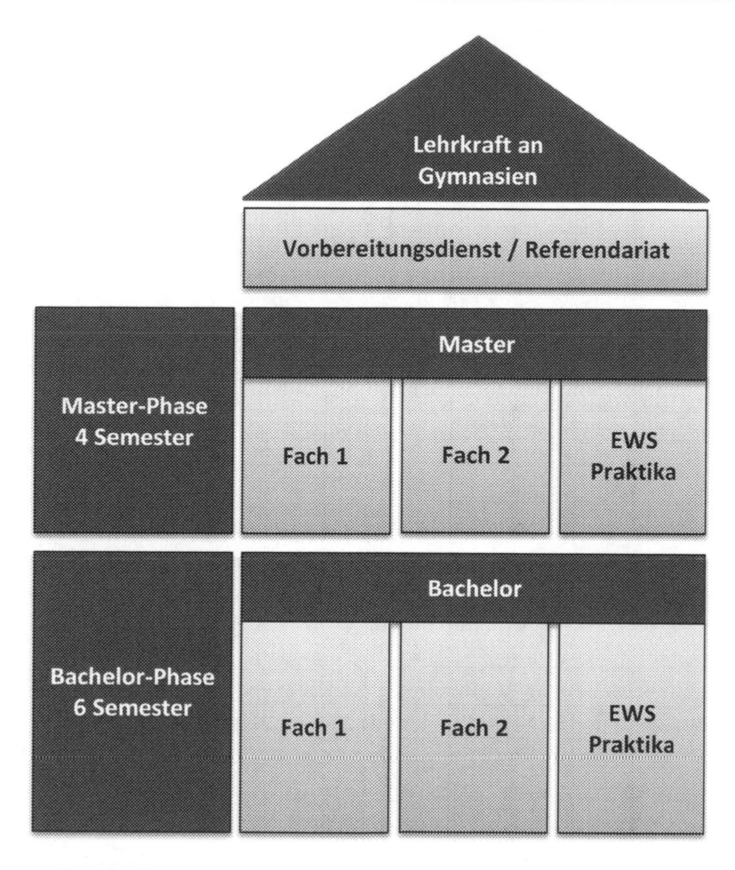

Abb. 3.1 Der Weg ins Lehramt am Beispiel Gymnasium (schematisch). (Quelle: Eigene Darstellung)

- Ein Praktikum in einem Betrieb, der nicht dem Bildungsbereich angehört (z. B. in einer Bank), um ein Minimum an Erfahrung im Bereich der Wirtschaft zu gewährleisten, in dem die meisten der zukünftigen Schüler ihren Arbeitsplatz finden werden.

Praxissemester In manchen Ländern (Nordrhein-Westfahlen/NRW, Berlin) gibt es ein in das Studium integriertes Praxissemester, das an der Universität, in der Schule und im staatlichen Seminar stattfindet. Ähnlich wie im Referendariat hospitieren die Teilnehmer im Unterricht von Lehrkräften, absolvieren aber auch universitäre Lehrveranstaltungen und führen ein Lernforschungsprojekt durch. So ergibt sich eine fruchtbare Verbindung von Vorbereiten, praktischem Erproben und theoretischer Reflexion von Unterricht.

Besonderheiten Abgesehen von den Grundelementen Fächer, EWS und Praktika unterscheiden sich die Studiengänge zwischen

- den Bundesländern, die die Rahmenbedingungen in einer Prüfungsordnung bestimmen („Lehramtsprüfungsordnung"; „Lehramtszugangsverordnung") und untereinander gemeinsame Standards vereinbaren (Kultusministerkonferenz),
- den Universitäten, die die Studiengänge ausgestalten,
- sowie nicht zuletzt zwischen den verschiedenen Schularten.

In manchen Ländern (z. B. Bayern) existiert für jede Schulart ein eigenes, in anderen für manche Schularten ein gemeinsames Studium (z. B. „Lehramt an Haupt-, Real- und Gesamtschulen" in NRW oder „Lehramt Sekundarstufe I" in Baden-Württemberg [BW]). Auch unterscheiden sich die Schulsysteme zwischen den Ländern – zweigliedrig mit Gymnasium und Oberschule (statt getrennte Haupt- und Realschulen) z. B. in Sachsen oder dreigliedrig (Gymnasium, Realschule, Mittelschule) z. B. in Bayern. In Sachsen sind außerdem Veranstaltungen zur Sprecherziehung fest ins Studium integriert, während in NRW Sprachförderung für Schüler mit Zuwanderungsgeschichte Pflicht im Studium ist. In BW erfolgt nur das Studium für Gymnasium an Universitäten, andere Schularten werden an Pädagogischen Hochschulen (PH) studiert.

Studienabschlüsse Auch die Studienabschlüsse variieren. In Bundesländern wie Bayern schließt das Studium mit der Ersten Lehramtsprüfung („Erstes Staatsexamen") ab und enthält weder Bachelor- noch Mastertitel (auch wenn manche Universitäten den Titel Bachelor bzw. Master of Education als *universitären* Abschluss gleich mitliefern). Länder wie NRW haben das Staatsexamen abgeschafft und das Lehramtsstudium auf zwei Studiengänge, (Zwei-Fach-)Bachelor (of Arts) und anschließenden Master (of Education), verteilt. Die landesweiten, zentralen staatlichen Prüfungen am Ende des Studiums wurden hier ersetzt durch studienbegleitende universitäre Prüfungen. (Die Bezeichnung „Bachelor/Master of Arts" oder „of Science" wird für rein wissenschaftliche Studiengänge vergeben, während die Lehramtsstudiengänge in der Regel „of Education" lauten, da sie weniger Fachwissenschaft und mehr Didaktik und erziehungswissenschaftliche Anteile beinhalten.)

Gymnasium Das Studium für das Lehramt an Gymnasien (bzw. an Gymnasien und Gesamtschulen in NRW) sieht eine *Kombination aus zwei Fächern* vor (z. B. Deutsch und Englisch), die auf wissenschaftlichem, dem Bachelor of Science bzw. of Arts vergleichbarem Niveau studiert werden. Die Fächerkombinationen sind nicht in allen Ländern frei wählbar (z. B. NRW: Kernfachbindung, Bayern: Einzelkombinationen) und werden nicht an allen Universitäten in voller Breite angeboten. Daher lohnt sich der Vergleich insbesondere bei verschiedenen Hochschulen innerhalb desselben Bundeslandes.

> **Tipp** Große Universitäten bieten oft mehr mögliche Fächerkombinationen an.

Das Studium ist i. d. R. auf neun bis zehn Semester angelegt und umfasst ca. 270 bis 300 LP. Zusätzlich zu den angegebenen Fächern kann für Gymnasien auch studiert werden: (Alt-)Griechisch, Latein, Russisch, Spanisch, in manchen Ländern auch Chinesisch, Hebräisch, Italienisch, Japanisch, Niederländisch, Polnisch, Portugiesisch oder Türkisch u. a. In der Regel wird das Studium mit Staatsexamen oder Master (nach vorherigem Bachelor) abgeschlossen. Manche dieser Fächer können nicht in der Kombination, sondern nur zusätzlich studiert werden (Erweiterung). Bis zum Studienabschluss müssen in sprachlichen Fächern meist besondere Sprachkenntnisse erworben werden, z. B. Lateinisch für Deutsch und Englisch oder Altgriechisch für Religion.

Haupt- und Realschule Hier gibt es größere Unterschiede zwischen den Bundesländern. In den meisten Ländern existieren teilintegrierte Gesamtschulen („Sekundarstufe I"; als Gemeinschafts-, Ober-, Sekundar-, Stadtteil-, Regional-, Regelschule, Realschule plus). Sie ersetzen Haupt- und Realschulen und bieten mindestens einen mittleren Abschluss. Das entsprechende Lehramtsstudium umfasst i. d. R. (neben Bildungswissenschaften und Praktika) das Studium von zwei Fächern mit einem geringeren Umfang gegenüber dem Gymnasium. Die fachliche Breite ist v. a. bei den Fremdsprachen etwas geringer als am Gymnasium, und auch die Kombinationsmöglichkeiten können abweichen. Zusätzliche Fächer können u. a. Arbeitslehre, Technik und Textiles Werken sein. Die Studiendauer variiert von sieben (Bayern, Hessen) bis zehn (BW, NRW) Semestern Regelstudienzeit (210 bis 300 LP). Kenntnisse in Latein oder Altgriechisch sind in aller Regel nicht erforderlich.

In Bayern sind die Studiengänge Lehramt an Realschulen und Lehramt an Mittelschulen (früher: Hauptschulen) voneinander getrennt. Während Lehramt an Realschulen wie beschrieben strukturiert ist, wird Lehramt an Mittelschulen analog zum Grundschullehramt studiert und umfasst ein Fach auf Realschulniveau („Unterrichtsfach") sowie drei kleinere Didaktikfächer, die weniger auf Wissenserwerb als auf Didaktik ausgelegt sind.

Grundschule Auch das Studium für Lehramt an Grundschulen unterscheidet sich deutlich zwischen den Ländern. In den meisten Ländern sind neben Bildungswissenschaften und Praktika drei Fächer in unterschiedlichem, maximal dem Realschullehramt entsprechendem Umfang zu studieren (in Bayern vier, in Niedersachsen zwei). Meist sind Mathematik und Deutsch, nicht selten auch eines der musischen Fächer (Kunst, Musik, Sport) dabei obligatorisch. Die Studiendauer reicht von sieben (z. B. Bayern, Hessen, Sachsen-Anhalt) über acht (BW, Sachsen) bis zehn Semester (inkl. Master, z. B. Niedersachsen, NRW) Regelstudienzeit und von 210 bis 300 LP.

Berufliche Schulen Das Lehramt an beruflichen Schulen beinhaltet i. d. R. eine umfangreichere berufliche Fachrichtung (z. B. Agrar-, Ernährungswissenschaften, Elektro-, Fahrzeug-, Informations-, Metalltechnik, Gesundheits- und Pflegewissenschaften, Sozialwesen, Wirtschaft) und ein etwas weniger umfangreiches allgemeinbildendes Fach (z. B. Deutsch, Mathematik, Englisch). Zum Studium zählen wie in allen anderen Lehrämtern auch Bildungswissenschaften, Praktika und eine schriftliche Hausarbeit. Der Umfang beträgt ca. zehn Semester (300 LP).

Ein Gutteil des Lehrerbedarfs an den unterschiedlichen Schularten der beruflichen Schulen (z. B. Berufsschule, Berufs-/Fachoberschule etc.) wird auch durch Gymnasiallehrer in allgemeinbildenden Fächern oder Fachlehrer, die eine entsprechende Berufsausbildung vorweisen und fachlichen Unterricht mit überwiegend fachpraktischem Anteil übernehmen (z. B. Handwerksmeister), abgedeckt.

Förderschulen In der Sonderpädagogik werden statt eines Unterrichtsfaches i. d. R. zwei sonderpädagogische Fachrichtungen studiert. Dazu gehören Blinden-, Körperbehinderten-, Lernbehinderten- und Sprachheilpädagogik sowie Pädagogik bei geistiger Behinderung, bei Hörschädigung und bei Verhaltensstörungen. Das Studium dauert in der Regel ca. zehn Semester (Staatsexamen oder Bachelor/Master). Zusätzlich zu den Fachrichtungen werden die Didaktiken von zwei bis drei Unterrichtsfächern (z. B. Deutsch, Mathematik) und natürlich Bildungswissenschaften studiert.

3.2 Phase 2: Referendariat

Der Vorbereitungsdienst (Referendariat) bildet die zweite Phase der Lehrerbildung In zwölf (Sachsen), 18 (BW, NRW, Hamburg), 21 (Hessen) oder 24 Monaten (Bayern, Mecklenburg-Vorpommern) durchlaufen die Anwärter den Vorbereitungsdienst (vgl. Saalfrank und Lerche 2013, S. 205).

Voraussetzungen Absolventen eines Lehramtsstudiums (lehramtsbezogener Master oder Staatsprüfung) erhalten in den meisten Ländern direkten Zugang zum Vorbereitungsdienst. In manchen Ländern ist dieser Zugang beschränkt. Bewerber, die die Grenznote (schlechteste Note, die gerade noch einen Zugang erhalten hat) nicht erreichen, müssen evtl. auf die Einstellung warten.

Anforderungen Die Anwärter befinden sich in einer Doppelrolle. Wie Studenten nehmen sie am Seminar teil, halten Referate, üben Unterrichtsentwürfe und Notengebung und werden in regelmäßigen Abständen beurteilt. Gleichzeitig sind sie als Lehrer Teil des Kollegiums und in Klassen tätig. Sie hospitieren am Unterricht ausgebildeter Lehrer, erteilen Unterricht unter Anleitung und halten auch selbstständig Unterricht, der spätestens am Ende des Vorbereitungsdienstes geprüft wird (Lehrprobe).

Der Vorbereitungsdienst gilt allgemein als sehr intensive Zeit, der Arbeitsaufwand als hoch, die Freizeit als entsprechend spärlich. Abende, Wochenenden und Schulferien werden genutzt, um Unterricht und Elterngespräche vorzubereiten, Studienarbeiten zu schreiben, Hausaufgaben und Schularbeiten zu korrigieren u. v. m. Stärker als in vielen anderen Berufen werden die Anwärter mit ihrer eigenen Persönlichkeit konfrontiert, ihr Verhalten in der Klasse unter die Lupe genommen. Sie müssen den Unterricht minutiös planen und in der Klasse durchführen, dabei Schüler einerseits bei Fehlverhalten zurechtweisen und sie andererseits in ihrem Selbstvertrauen stärken und zur Mitarbeit motivieren. Gegenüber den Prüfern müssen die Referendare ihr Handeln begründen und dabei Kritik verarbeiten, die auch Aspekte ihrer Persönlichkeit betreffen kann. So ist wohl mancher Lehrer froh, das Referendariat erfolgreich überstanden zu haben und wieder freier unterrichten zu können.

> **Tipp** Für die Herausforderungen des Referendariats empfiehlt sich eine eigenständige Vorbereitung bereits im Studium. Die intensive Nutzung und Reflexion der Schulpraktika wie auch didaktischer Lehrangebote, die Wahrnehmung von Lehrertrainings, praxisnahen

Workshops und Seminaren zu Klassenführung, aber auch schulnahe Tätigkeiten (z. B. Aushilfslehrer) können hier nützlich sein (s. auch Abschn. 2.2 und 5.5).

Verdienst Der Vorbereitungsdienst wird mit rund 1100 EUR pro Monat vergütet. In Ländern mit Verbeamtung sind die Anwärter Beamte auf Widerruf und erhalten dementsprechend keine nennenswerten Abzüge, müssen sich allerdings selbst krankenversichern.

> **Tipp** Erkundigen Sie sich im Laufe des Studiums nach Informationsveranstaltungen zum Referendariat an Ihrer Universität. Hier erfahren Sie mehr über Ablauf und Organisation, aber auch über versicherungsrechtliche Besonderheiten (private Krankenversicherung).

3.3 Einstellung und Bundeslandwechsel

Einstellung Das Referendariat schließt mit dem (Zweiten) Staatsexamen ab. Damit erhalten Absolventen die Lehramtsbefähigung, d. h. die Erlaubnis, ein Lehramt an staatlichen Schulen ausüben zu dürfen. Die dazu erforderlichen Prüfungsleistungen werden je nach Land teilweise im Laufe des Vorbereitungsdienstes, teilweise an seinem Ende absolviert.

Wichtigstes Kriterium für die Einstellung ist die Gesamtnote, die aus dem Studienabschluss und dem (Zweiten) Staatsexamen gebildet wird. Wie bei einem NC (s. Abschn. 5.1) werden die Kandidaten in eine Rangfolge gebracht. Diejenigen mit den besten Noten erhalten eine Stelle – so viele, wie es freie Stellen für die betreffende Fächerkombination gibt. Während z. B. in Bayern in den meisten Schularten allein die Note ausschlaggebend ist (die ggf. durch eine Erweiterung des Studiums günstig beeinflusst werden kann, s. Abschn. 5.3), können in anderen Bundesländern auch einschlägige Zusatzqualifikationen die Einstellung befördern. In manchen Ländern, v. a. im Beruflichen Lehramt, suchen die Schulen anstelle der Ministerien ihre Kandidaten selbst aus („schulscharfe Einstellung").

> **Tipp** Erkundigen Sie sich über die für Sie geltenden voraussichtlichen Einstellungsbedingungen. So können Sie frühzeitig Schlussfolgerungen ziehen. Je wichtiger die Note des Studiums ist, desto notwendiger wird eine reflektierte und kontinuierlich verbesserte Lernstrategie (s. Abschn. 2.1).

Wechsel des Bundeslands Da Bildung in Deutschland Sache der Länder ist, gilt die Lehramtsbefähigung jeweils für das Bundesland, in dem sie erworben wurde. Wer nach Abschluss des Vorbereitungsdienstes in einem anderen Bundesland Lehrer sein möchte, benötigt die Erlaubnis des Kultusministeriums des Ziellandes. Die Länder haben vereinbart, die Anerkennung so großzügig wie möglich auszuüben. Es kann jedoch auch vorkommen, dass eine studierte Fächerkombination im Zielland nicht vorkommt und daher ein anderes Studienfach nachstudiert werden muss. Langfristig dürften die Hürden weiter abgebaut werden.

- Lehrer in einem Beschäftigungsverhältnis können sich per Lehrertauschverfahren bewerben.
- Wer sich nach dem Referendariat ohne Anstellung bewirbt, muss gegebenenfalls mit einer Gewichtung der Note rechnen. Die Bundesländer versuchen damit, Unterschiede im Schwierigkeitsgrad der Ausbildung auszugleichen.
- Wenn man nach dem abgeschlossenen Studium und vor dem Referendariat wechselt, hat man den Vorteil, dass sich solche Fragen nicht stellen, während gleichzeitig der Studienabschluss in der Regel anerkannt wird. Auch hier ist das Kultusministerium zu konsultieren, das gegebenenfalls weitere Studienleistungen fordert, die dann an einer Universität des Ziellandes absolviert werden können.
- Bei einem Wechsel des Studienortes ist die Anerkennung vorhandener Studienleistungen dagegen alleinige Sache der Zieluniversität. In der Regel können nicht sämtliche Prüfungsleistungen anerkannt werden, auch wenn die Universitäten dies so großzügig wie möglich handhaben.

Ähnliches gilt auch für den Wechsel vom bzw. ins Ausland.

3.4 Alternative Wege in den Lehrerberuf: Quereinstieg und private Schulen

In aller Regel sind Studium und Referendariat erforderlich, um Lehrer zu werden. Aber es gibt auch Ausnahmen.

Quer-/Seiteneinstieg und Sondermaßnahmen V. a. in Mangelfächern (z. B. Mathematik, Physik, Informatik, technische Fächer) sind die Schulen froh, wenn sie auf einschlägige Absolventen zurückgreifen können. So wird der Diplomingenieur zum Technik- und der Doktor der Chemie zum Chemielehrer – in der Regel nicht ohne vorher mindestens eine einjährige pädagogische Qualifizierung zu durchlaufen. Dafür ist das abgeschlossene Studium eines Faches notwendig, das in der Schulart unterrichtet wird. Auch können Absolventen für eine andere als die studierte Schulart weiterqualifiziert werden. Ebenso können Lehrer aus den EU-Ländern, nach Spracherwerb und Anpassung an das deutsche Schulsystem, in Deutschland Lehrer werden. Zuständig ist das jeweilige Kultusministerium.

Gibt es keine Möglichkeit, per staatliche Weiterqualifizierung einzusteigen, bleibt der Weg über das reguläre Lehramtsstudium und den Vorbereitungsdienst offen. Gleiche Studienleistungen, die aus früheren Studiengängen nachgewiesen werden, können anerkannt werden und das Studium entsprechend verkürzen. Ansprechpartner ist die Lehramtsberatung der jeweiligen Universität.

Schulen in freier Trägerschaft Schneller ist der Weg an private Schulen. Da diese mehr Freiheit bei der Personalauswahl haben, können sie geeignete Bewerber einfach einstellen. Wenn diese sich bewähren, können sie nach ein paar Jahren eine Lehrerlaubnis für private Schulen erhalten. Eine Verbeamtung ist damit freilich nicht verbunden, aber eine (bei vorhandener Qualifikation) schnellere Möglichkeit, Lehrer zu werden, ist schwer zu finden. Zu den „nichtstaatlichen" Schulträgern gehören neben Städten und Kirchen auch Waldorf- und z. T. Montessori-Schulen, private Organisationen und Sozialverbände (s. Abschn. 3.5).

3.5 Exitstrategien: Alternativen zum Lehrerberuf

Bei einem Lehramtsstudium gibt es nur eine Berufsmöglichkeit: Lehrer werden Ein häufiger Fehlschluss! Natürlich studiert man v. a. dann Lehramt, wenn man Lehrer werden möchte. Angesichts langer Studien- und Ausbildungszeiten wäre ein anderes Studium (z. B. Bachelor of Science des betreffenden Faches) deutlich schneller zu haben. Wer jedoch das Lehramtsstudium (und evtl. auch das Referendariat) auf sich genommen hat, steckt keineswegs in einer Einbahnstraße fest!

Alternative Schulträger Wer keine Anstellung beim Staat findet, aber dennoch Lehrer werden möchte, muss vielleicht ein paar Jahre bis zu besseren Einstellungschancen überbrücken oder dem Staat ganz den Rücken kehren. Er oder sie hat jedoch noch einige Asse im Ärmel:

- Städtische, kirchliche und private Schulträger stellen ebenfalls gerne Lehramtsabsolventen ein. Bei reformpädagogischen Ansätzen wie Montessori und Waldorf kann eine entsprechende zusätzliche Ausbildung oft auch *on the job* gemacht werden (s. Abschn. 3.4). Auch an Internaten, Kliniken oder Reha-Einrichtungen für langfristig kranke Jugendliche, im Strafvollzug, bei Einrichtungen für Berufsvorbereitende Bildungsmaßnahmen, Überbetriebliche Ausbildung und Ausbildungsbegleitende Hilfe oder an Sprachschulen können Absolventen lehrend tätig sein.

- Räumliche Flexibilität kann zum Erfolg führen. Andere Bundesländer suchen vielleicht gerade Ihre Kombination! Erkundigen Sie sich beim Kultusministerium Ihres Ziellandes nach Stellen und der Anerkennung Ihres Abschlusses! Ein guter Zeitpunkt zum Wechseln ist nach dem Studium und vor dem Referendariat, aber auch während des Studiums und nach dem Referendariat sowie als Lehrer mit einer Anstellung kann das Bundesland gewechselt werden.
- Wer gerne im Ausland unterrichten möchte, kann sich bei der Zentralstelle für das Auslandsschulwesen bewerben und, befristet auf einige Jahre, an deutschen Schulen im Ausland unterrichten. Alternativ kann man sich auch für den Schuldienst vor Ort bewerben – und muss dann von den zuständigen Stellen prüfen lassen, ob die Lehrertätigkeit dort erlaubt wird. Österreich und die Schweiz könnten dafür besonders attraktiv sein.

Alternative Berufsmöglichkeiten Grundsätzlich gibt es drei mögliche Wege: Die angestrebte Tätigkeit kann im Bereich eines (oder einer Kombination) der studierten Fächer, im pädagogisch-didaktischen oder in einem anderen Bereich liegen.

1. Nahezu alle Berufsmöglichkeiten, die ein „normaler" Bachelor eröffnet, stehen auch Lehramtsabsolventen dieses Faches offen. Ein Lehramtsabsolvent mit Englisch etwa kann ebenso in einem Kulturbetrieb, Verlag oder als Übersetzer arbeiten wie ein Bachelor in Anglistik. Manche Fächerkombinationen ergänzen sich in sehr günstiger Weise. Eine Kombination aus Mathematik und Wirtschaft hat z. B. gute Anstellungsmöglichkeiten in der Finanz- und Versicherungsbranche. Natürlich hängt das auch von der Schulart und der Studienstruktur ab. Gymnasium und Berufliche Schulen sind hier oft im Vorteil gegenüber Grund- und Mittelschule.
2. Je stärker spezifisches Fachwissen benötigt wird, desto schwieriger wird es für Lehramtsabsolventen, in das entsprechende Berufsfeld vorzudringen. Hier helfen dann Anschlussstudien wie z. B. ein Master und/oder evtl. eine Promotion (Doktortitel) im betreffenden Fach. Wird hingegen mehr Wert auf Schlüsselqualifikationen gelegt, sollten Lehramtsabsolventen keine Schwierigkeiten haben. Typische Bereiche sind Medien (z. B. Internetanbieter, Journalismus),

Forschung und Lehre, Personalentwicklung, Kommunikation und Public Relations.
3. Lehrer können ihr pädagogisch-didaktisches Wissen, z. T. mit entsprechender Weiterbildung, als Mitarbeiter in einer Jugendeinrichtung (Jugendzentrum, Beratungsstelle), als Lerncoach, Berufsberater, Dozent oder Bildungsreferent in der Erwachsenenbildung, Freizeitpädagogik wie im Nachhilfesektor oder auch als Redakteur für Lehrmittel in einem Verlag einsetzen.

> **Tipp** Wer dauerhaft mit dem Berufsziel Lehrer hadert, sollte sich entsprechende Beratung bei der universitären Lehramtsberatung und/oder dem Hochschulteam der Arbeitsagentur holen. Es geht dann vor allem darum abzuklären, wo die persönlichen Hemmnisse und Motivationen in Bezug auf den Lehrerberuf liegen und welche weiteren Schritte auf dem Weg zu einer Entscheidung gegangen werden. Und wenn die Entscheidung gegen den Lehrerberuf ausfällt, beginnt alles mit einer neuen großen Chance für das künftige Berufsleben, einem alternativen Berufsziel. Die bisherigen Erfahrungen werden dabei ebenso helfen wie die Unterstützung aus dem persönlichen Umfeld, von professionellen Beratern und v. a. praktische Erfahrungen und Gespräche im neuen Zielgebiet. Dafür benötigt man natürlich etwas Zeit.

Literatur

Saalfrank, Wolf-Thorsten, und Thomas Lerche. 2013. *Lehramtsstudium modularisiert*. Bad Heilbrunn: Klinkhardt.

Entscheiden

4

> Die Entscheidung zum Lehrerberuf betrifft zwei Ebenen: die Wahl des Berufs und die Wahl von Schulart und Studienfächern.

4.1 Lehrer werden?

Warum wollen junge Menschen Lehrer werden? Mindestens ein Viertel der Lehramtsstudierenden weist Studien zufolge eher ungünstige Motive für den Lehrerberuf auf. Hand aufs Herz: Erkennen Sie manche davon bei sich?

- Die Eltern wollen, dass Sie Lehrer werden – Möchten Sie wirklich, dass Ihre Eltern für Sie die Berufsentscheidung übernehmen? Machen Sie doch zuerst eigene Erfahrungen (z. B. durch Jobs und Praktika) und folgen dann Ihrem Traum!
- Lehrer haben viele Ferien – Ferien sind jedoch meistens recht arbeitsreich (s. Abschn. 1.2).
- Lehrer sind als Beamte unkündbar – So verständlich das Sicherheitsbedürfnis ist, bleibt es die wichtigste Motivation, so haben Sie ein hohes Risiko, im Lehrerberuf unglücklich zu werden – und Ihre Schüler mit Ihnen.
- Das studierte Hauptfach ist so interessant – Begeisterung für ein Fach ist zwar eine sehr gute Voraussetzung, es zu studieren, für den Lehrerberuf alleine aber nicht ausreichend, denn hier geht es um das Lernen und die Schüler.
- Die Berufsaussichten in diesem Fach sind außerhalb des Lehramts ungünstig – Angst ist kein guter Ratgeber. Prüfen Sie, ob auch andere Beweggründe vorhanden sind.

© Springer Fachmedien Wiesbaden GmbH, ein Teil von Springer Nature 2018

A. Romer, *Lehrer werden*, essentials,
https://doi.org/10.1007/978-3-658-21921-5_4

- Mangel an anderen Möglichkeiten – Doch, Sie haben viele Alternativen, und die passen womöglich besser zu Ihnen! Wenn Sie kein interessantes Studienfach finden, erwägen Sie eine gute Ausbildung – das geht schnell und die Berufsaussichten sind z. T. hervorragend (z. B. in Verwaltung oder Handwerk). Ein (Lehramts-)Studium kann auch später folgen.

Mit ungünstigen Motivationen gehen oft geringes Engagement und Überforderung im Studium einher, die sich im Beruf nachweislich fortsetzen (vgl. Rauin 2007, S. 64). Es fehlt die Motivation für die eigentliche Tätigkeit, Kinder und Jugendliche zu unterrichten und zu erziehen, und damit auch die Erfüllung im Beruf. Dazu kommt: Wer in seinem Beruf dauerhaft unglücklich ist, hat ein erhebliches Risiko, gesundheitlichen Schaden zu nehmen. Dies vor dem Hintergrund, dass Burn-out und psychische Erkrankungen bei Lehrern zu einem verbreiteten Problem geworden sind.

Das Kapitel über gute Lehrer hat gezeigt: Lehrer sein ist eine komplexe Angelegenheit, die die ganze Person erfordert. Daher ist es sinnvoll, sich vor dem Hintergrund von Abschn. 1.2 und Kap. 3 folgende Fragen zu stellen:

- Grundhaltung: Mag ich Kinder und Jugendliche? Habe ich einen guten Draht zu ihnen? Glaube ich, dass sich Lernen lohnt?
- Lernbegleitung: Kann ich verschiedene Qualitäten bei Menschen erkennen und mir vorstellen, was sie damit anfangen können? Kann ich unterschiedliche Perspektiven einnehmen?
- Klassenleitung: Fällt es mir leicht, in angemessener Weise Grenzen zu setzen? Habe ich genügend Kraft, auch gegen Widerstände meine Werte zu vertreten? Traue ich mir zu, auch in harten Konflikten und bei Gewalt in der Klasse zu bestehen?
- Stabile Persönlichkeit: Habe ich genügend Selbstsicherheit, mich den prüfenden Blicken der Schüler zu stellen, und genügend Humor, über mich selbst zu lachen? Halte ich es aus, wenn ich mich geirrt habe und etwas zurücknehmen muss? Habe ich genug Frustrationstoleranz? Habe ich die Fähigkeit, mein Handeln gegenüber Eltern und Vorgesetzten zu vertreten?
- Habe ich dauerhaft Lust darauf, an diesen Herausforderungen zu arbeiten?

Diese Liste kann individuell erweitert werden. Dazu können Sie weitere Quellen zurate ziehen:

Tipp Angebote zur Selbstreflexion

- Filmische Einblicke und Dialogtexte: www.self.mzl.lmu.de
- Selbsttests: www.vbe.de/abc-l/start_fit_einleitung.php, www.cct-germany.de

Bereits vor Beginn des Studiums ist ein Praktikum für die Berufsentscheidung zu empfehlen (s. Abschn. 4.2).

4.2 Schulart und Fächer

Schulart Vielleicht wissen Sie schon, ob Sie eher Kinder bis zwölf Jahre, Jugendliche in der Pubertät oder junge Erwachsene bevorzugen. So ergibt sich eine erste Präferenz zwischen den Polen Grundschule, Sekundarstufe und Berufsoberschulen, deren Schüler bereits eine Ausbildung hinter sich haben.

In der Sekundarstufe ist das Krisengebiet Pubertät unvermeidlich. Sachkenntnisse über Probleme und tief greifende Veränderungsprozesse in der Pubertät sind Voraussetzungen, um einen guten Kontakt zu gewährleisten und Lernen und Sozialverhalten zu fördern. Am Gymnasium trifft in der Oberstufe ein höheres fachliches Niveau auf starken Leistungsdruck und höhere Selbstreflektiertheit der Schüler, auch im Hinblick auf Zugangsbeschränkungen von Studiengängen an den späteren Hochschulen (s. Abschn. 5.1). In den Real- und Mittelschulen nehmen Disziplinschwierigkeiten und sozialpädagogische Aspekte tendenziell mehr Raum ein.

An der Grundschule unterrichten Lehrer in der Regel fast alle Fächer (Klassenlehrerprinzip). Vielen Eltern liegt der Übertritt an eine aus ihrer Sicht geeignete weiterführende Schule besonders am Herzen – das kann mitunter Konfliktpotenzial bergen.

Liegt das Interesse eher bei beruflicher Bildung, etwa im technischen, sozialen oder gesundheitlichen Bereich (s. Abschn. 3.1), oder in der Arbeit und Förderung von Kindern mit Behinderung, bieten sich Berufliche bzw. Förderschulen an.

Orientierungspraktikum Viele Studieninteressenten bevorzugen die Schulart, die sie selbst durchlaufen haben, und sind sich dabei nicht bewusst, dass sie bisher nur die Schülerperspektive haben. Die Sicht der Lehrer kann durch ein Praktikum erfahren werden – in vielen Ländern Teil des Studiums, kann es auch vor Studienbeginn absolviert werden: Hospitieren Sie eine oder mehrere Wochen an einer Schule, in der Sie nicht als Zuschauer, sondern als eine Art Hilfslehrer agieren. Um vergleichen zu können, engagieren Sie sich am besten an mehreren Schularten.

Fächerwahl Für die Auswahl der Fächer kann man von seinen Lieblingsfächern ausgehen: Welche Fächer begeistern mich wirklich? In welchen Fächern kann ich mir vorstellen, den Lernstoff für verschiedene Niveaus attraktiv aufzubereiten?

Dabei muss man wissen, dass die Fächer an der Uni abstrakter gelehrt werden als in der Schule. Der Stoff ist komplexer, umfangreicher und weniger aufbereitet. Das gilt besonders für ein Fach wie Mathematik, das in der Regel gute Einstellungschancen hat. Es lohnt sich also, sich möglichst gut mit den Studieninhalten bekannt zu machen. Für ein Hauptfach gilt, dass man sich dann für ein Studium entscheiden kann, wenn man sich auch für einen Bachelor in diesem Fach entschieden hätte, denn das ist ungefähr das gleiche Niveau. Findet man keine passende Fächerkombination, kann man evtl. auf andere Unis, Bundesländer oder auf das Studium einer Schulart ausweichen, die nur ein Unterrichtsfach vorsieht (z. B. Grundschule). Voraussetzung ist natürlich, dass die Schulart gefällt.

Einstellungschancen Die Berufsaussichten gestalten sich durchaus unterschiedlich (s. Abschn. 1.4). Einerseits soll man die Prognose nicht ignorieren, andererseits sich keinesfalls zum Studium eines Faches hinreißen lassen, das einen nicht wirklich interessiert. Wer sich ohnehin in einer „gesuchten" Richtung wähnt, tut gut daran, sich trotzdem um gute Noten zu bemühen – *der* Eintrittskarte ins Lehramt. Denn Prognosen müssen nicht eintreffen.

Wer eine als wenig aussichtsreich prognostizierte Schulart studieren möchte, muss umso mehr auf die Einstellungskriterien wie Noten achten und dem daraus entstehenden Druck standhalten. Er oder sie kann auch versuchen, die Chancen durch Zusatzqualifikationen zu erhöhen (s. Abschn. 5.5). Zusätzlich minimieren lässt sich das Risiko mit der Bereitschaft, dem Lehrerberuf auch in einem anderen Bundesland oder an nicht staatlichen Schulen nachzugehen. Hier bietet sich auch das „zweigleisige Fahren" an: eine (wirklich zweitbeste) Berufsidee, die mit dem Studium auch erreicht werden kann (s. Abschn. 3.4), erprobt durch einschlägige Praxiserfahrungen (z. B. im Rahmen des Lehramtsstudiums als Betriebspraktikum) – dann fällt der Berufseinstieg leichter, und für den Lehrerberuf sind solche Erfahrungen ebenfalls hilfreich.

In manchen Schularten (z. B. Grundschule in Bayern) ist die Wahl des Faches für die Einstellung übrigens unerheblich für die Einstellungschancen.

Tipp

- Gehen Sie bei der Studienwahl von Ihren persönlichen Interessen, Vorlieben und Abneigungen aus!

- Überlegen Sie ggf., ob Sie trotz ungünstiger Prognose an Ihrem Berufswunsch festhalten und dabei geeignete Alternativen finden.
- Informieren Sie sich über die Studieninhalte!
- Erkunden Sie die Schularten in einem Orientierungspraktikum! Fragen Sie bei Schulen und Schulämtern nach einem Platz.

Literatur

Rauin, Udo. 2007. Im Studium wenig engagiert – im Beruf schnell überfordert. http://publikationen.ub.uni-frankfurt.de/frontdoor/index/index/docId/281.

5 Lehramt studieren, aber richtig!

> Um ein Lehramtsstudium aufzunehmen, muss man Verschiedenes beachten. Im Studium angekommen, gibt es viele Möglichkeiten, wertvolle Erfahrungen für den Lehrerberuf zu sammeln.

5.1 Das Studium aufnehmen

Um Lehrer zu werden, muss man zwei Phasen erfolgreich absolvieren: das Lehramtsstudium und den Vorbereitungsdienst. Wie bereitet man die Aufnahme eines Studiums vor?

Studienortwahl Die Wahl des Studienortes will überlegt sein. Im Lehramt spielt die Reputation einer Universität bislang kaum eine Rolle für die Einstellung in den Staatsdienst, wohl aber das Bundesland, denn der Wechsel von Lehrern zwischen Bundesländern gelingt noch nicht ohne Hürden (s. Abschn. 3.3).

> **Tipp** Idealerweise studieren Sie in dem Bundesland, in dem Sie später auch Lehrer sein möchten. Wenn sich etwas ändert, ist ein guter Zeitpunkt für den Wechsel nach dem Studium und vor dem Referendariat, denn dann gelten Sie im Zielland als interner Bewerber (s. Abschn. 3.3).
>
> Links für einen Überblick über Studienmöglichkeiten finden Sie in Kap. 2 – Literatur.

© Springer Fachmedien Wiesbaden GmbH, ein Teil von Springer Nature 2018

A. Romer, *Lehrer werden*, essentials,
https://doi.org/10.1007/978-3-658-21921-5_5

NC und Aufnahmetests Daneben spielen die Einstiegsvoraussetzungen eine wichtige Rolle. Gibt es für Ihre Fächer einen Numerus clausus (NC) und wenn ja, reicht Ihre Abiturnote dafür aus? Dies ist häufig bei Grundschule und sonderpädagogischen Fachrichtungen der Fall. Gibt es Eignungsfeststellungsverfahren (EFV)? Typische Fächer mit Aufnahmetests sind Kunst, Musik, Sport und Fremdsprachen. Daneben kann es auch spezielle, auf den Lehrerberuf zielende Tests geben, die über einen Zugang zum Lehramtsstudium entscheiden (z. B. in BW; Universität Leipzig: Phoneatrisches Gutachten). Je nach Universität verzichten auch viele Fächer (abgesehen von der Hochschulreife) ganz auf Voraussetzungen. In diesem Fall bekommen Sie sicher einen Studienplatz, für den Sie sich einfach nur immatrikulieren müssen – ohne Bewerbung und Tests.

Wer seinen Schulabschluss im Ausland gemacht hat, muss in der Regel besondere Zugangsvoraussetzungen erfüllen (nachgewiesene Deutschkenntnisse, Zeugnisanerkennung, besondere Bewerbungsverfahren). Auskunft geben die International Offices der Universitäten.

Die meisten Universitäten veröffentlichen die NC der letzten Jahre im Internet. Auch wenn sie prinzipiell variabel sind, schwanken sie meistens in einem gewissen, üblichen Rahmen. Wenn Ihre Note noch knapp unter dem NC des letzten Jahres liegt, haben Sie daher normalerweise keine schlechten Chancen auf einen Studienplatz. Bewerben Sie sich gleichzeitig an mehreren Universitäten, um die Chance auf Ihr Wunschstudium zu erhöhen! Bei Unklarheiten auf der Homepage scheuen Sie sich nicht, die Studienberatungen zurate zu ziehen!

▶ **Tipp** Informieren Sie sich frühzeitig auf den Universitätsseiten über die Studienvoraussetzungen! NC-Fächer erfordern eine Bewerbung in der Regel bis zum 15. Juli zum Wintersemester. EFV können schon Monate früher stattfinden.

Lehramt ohne Abitur Auch ohne Abitur (Allgemeine Hochschulreife) kann man das Studium an einer Universität aufnehmen. Für Grund- und Mittelschule sowie einige Kombinationen bei den anderen Schularten genügt oft die fachgebundene Hochschulreife, z. B. die 13. Klasse der Fachoberschule ohne zweite Fremdsprache oder eine Berufsausbildung mit anschließender dreijähriger Berufserfahrung. Meister und vergleichbare Ausbildungen werden dem Abitur gleichgestellt. Hierbei hilft die Studienberatung der Universität weiter.

Wichtig sind auch die Studienbedingungen: Welche Studieninhalte sind im Laufe des Studiums zu bewältigen? Ist ein überschneidungsfreies Studieren in der Regelstudienzeit möglich? Werden die Studierenden gut auf Prüfungen vorbereitet? Welche zusätzlichen Angebote (z. B. Praxisworkshops, Coaching) macht die Universität? Dies lässt sich durch Internetrecherchen sowie Kontakte mit Studienberatungen und Studierenden der Universitäten herausfinden.

> **Tipp** Besuchen Sie im Vorfeld Ihrer Studienortswahl den Tag der offenen Tür, Studienorientierungswochen, Schnupperkurse etc. an Ihrer möglichen Zieluniversität.

Lebensqualität Nicht zuletzt zählen auch die Lebensqualität der Stadt und Ihre persönlichen Präferenzen bei der Wahl des Studienortes. Immerhin verbringen Sie dort vier bis fünf wichtige Jahre Ihres Lebens. Wem der Studienort nicht gefällt, kann in eine andere Stadt wechseln. Dabei kommt es vor, dass sich das Studium um ein oder zwei Semester verlängert, wenn nicht alle bisherigen Studienleistungen an der Zieluniversität anerkannt werden.

> **Tipp** Für einen Wechsel von Fach, Studiengang oder Studienort müssen oft mehrere Stellen der Zieluniversität aufgesucht werden. Informieren Sie sich bei der Lehramtsberatung über die notwendigen Schritte und Fristen.

Immatrikulation Wenn Sie die Voraussetzungen erfüllen, können Sie sich an der Universität einschreiben. Orientierungsveranstaltungen Ihrer Fächer sollten Sie unbedingt besuchen, denn sie machen die Erstsemester mit ihrem zukünftigen Studium vertraut, erklären, wie man seinen Stundenplan zusammenstellt, und bringen Sie in Kontakt mit Ihren neuen Kommilitonen. In Brückenkursen, die v. a. in den Naturwissenschaften angeboten werden, erwerben Sie kompaktes Grundwissen, für das Sie im Studium dankbar sein werden.

Die meisten Lehramtsstudiengänge beginnen zum Wintersemester (Tab. 5.1).

Tab. 5.1 Checkliste Studienstart (Studienbeginn zum Wintersemester; ungefähre Zeitangaben)

✓ Studienorte aussuchen ✓ Studiengänge und Fächerkombinationen herausfinden ✓ Sich über Studieninhalte und -voraussetzungen informieren	Spätestens ab März
✓ Ggfs. Teilnahme an EFV	April – Juli
✓ Bei NC-Fächern: Bewerbung	Juni – 15. Juli (!)
✓ Immatrikulation (=Einschreibung)	August – September
✓ Teilnahme an Orientierungsveranstaltungen und ggf. Brückenkursen	September – Mitte Oktober
✓ Erstellung des Stundenplans für das kommende Semester ✓ Belegung relevanter Veranstaltungen	Anfang Oktober
✓ Semesterstart	Ca. 15. Oktober

5.2 Das Studium erfolgreich bewältigen

Stundenplan Ihren Stundenplan müssen Sie selbst erstellen. Dafür finden Sie zunächst anhand der Studienpläne im Internet heraus, welche Lehrveranstaltungen (LV) in Ihren Fächern einschließlich der Erziehungswissenschaften für Sie im 1. Semester relevant sind. Dann suchen Sie sich Zeit und Ort im Vorlesungsverzeichnis und belegen (reservieren) falls notwendig die LV über das elektronische Campus-Management-System.

Ob eine Belegung, also eine Platzanfrage für eine LV notwendig ist, erfahren Sie bei der Orientierungsveranstaltung oder von der zuständigen Fachstudienberatung. Ob Sie den Platz erhalten haben, erfahren Sie in der Regel am Ende der Belegzeiträume. Oft gibt es auch Restplatzvergaben, falls Sie einmal keinen Platz erhalten haben. Im Notfall können Sie den Dozenten oder die Fachstudienberatung direkt kontaktieren.

▶ **Tipp** Suchen Sie sich bei der Stundenplangestaltung zuerst die LV heraus, die nur an einem einzigen Termin in der Woche angeboten werden (z. B. Vorlesungen). Belegen Sie dann LV, die zu mehreren Zeitpunkten angeboten werden (z. B. Seminare, Übungen) an verbliebenen freien Terminen. Eine Faustregel lautet: ca. 20 h Präsenzzeit in LV pro Woche. Genauso viel Zeit wird Ihnen auch für die Vor- und Nachbereitung (Lektüre, Klausuren, Hausarbeiten, Referate etc.) eingeräumt.

Studienplan Nehmen Sie sich nach dem ersten Semester einmal Zeit zur Planung des ganzen Studiums: Tragen Sie in die Zeilen einer Tabelle alle Prüfungen, Praktika, Hausarbeiten und Staatsexamen und in die Spalten die verfügbaren Semester ein. Dann ordnen Sie die Leistungen dem jeweiligen Semester laut Prüfungsordnung zu (im Beispiel in Tab. 5.2: Grammar 1. Semester). Wenn Sie die angegebenen Semesterwochenstunden (SWS) eintragen, können Sie die Summe bilden und sofort sehen, ob der empfohlene Richtwert von höchstens 20 SWS stark überschritten wird. So haben Sie alle erforderlichen und erfolgreich absolvierten Leistungen im Blick, vergessen wichtige Termine nicht und überfordern sich nicht.

Lernen Der Übertritt an die Universität bietet die Chance, eigene Lernerfahrungen aus der Schulzeit zu reflektieren und Neues auszuprobieren: Unter welchen Bedingungen lerne ich besonders gut? Wo treffe ich auf Widerstände? Welche

Tab. 5.2 Beispiel eines nach dem 1. Semester erstellten Studienplans (unvollständig)

Leistungen	Semester 1	2	3	10	Max
Englisch					–
P1.1 Grammar	✓				
P1.2 Lexis		4			
P2 Einführung engl. Sprachwissenschaft		4			
…			6		
Deutsch					–
P1 Einführung Literaturwissenschaft	✓				
P2 Einführung Germanistische Linguistik		4			
…	✓		6		
EWS					–
P1 Einführung Pädagogik	✓				
…		4			
Praktika			4		–
Orientierungspraktikum	✓				
…			4		
Schriftl. Hausarbeit					–
Staatsexamen (Vorbereitung)				20	–
Summe Stunden (SWS)	✓	**22**	**18**	**20**	**–**

Widerstände möchte ich mit kleinen Schritten und Selbstbelohnung in Freude und Spaß am Lernen verwandeln (s. Abschn. 2.1)?

5.3 Das Studium ergänzen: Erweiterung und Doppelstudium

Auch wenn das Lehramtsstudium viel Wissen vermittelt – als Lehrer können Sie gar nicht genug Wissen und Fertigkeiten erlernen. Die Möglichkeiten hierzu sind vielfältig wie nie zuvor: Praxisnahe Workshops und außeruniversitäres Engagement können Sie leicht nebenbei machen. Auslandsaufenthalte, Erweiterungsfächer und ein Doppelstudium verlängern i. d. R. das Studium.

Erweiterungsfächer Auf zwei Fächer spezialisierte Lehrkräfte möchten vielleicht ein weiteres Fach unterrichten. Hierfür gibt es Erweiterungsfächer, d. h. Studienangebote, die den beschleunigten Abschluss in einem weiteren Fach ermöglichen. Auch Fächer wie Deutsch als Zweitsprache oder Medienpädagogik können als Erweiterungsfach studiert werden. In diesem Fall können sie unter Umständen auch die Einstellungschancen verbessern.

Das Studium eines Erweiterungsfaches kann im gesamten Lehrerleben aufgenommen werden.

> **Tipp** Studieren Sie nur Fächer, die Sie wirklich interessieren und die Sie gerne unterrichten möchten. Wenn Sie sich für ein Erweiterungsfach entscheiden, legen Sie stets den Fokus auf Ihr eigentliches Studium, die Fächerkombination. Bei der Einstellung werden nämlich – abhängig vom Arbeitgeber – in erster Linie gute Leistungen in der Fächerkombination belohnt. Und ohne normales Lehramtsstudium gibt es keinen Abschluss im Erweiterungsfach.

Doppelstudium Da das Lehramtsstudium i. d. R. mindestens ein Fach auf einem dem Bachelor vergleichbaren Niveau beinhaltet, liegt das zusätzliche Studium eines „echten“ Bachelors (of Science bzw. of Arts) zuweilen nahe. In manchen Fällen geht die Anerkennung von Studieninhalten so weit, dass nur noch wenige Studienleistungen zusätzlich zu erbringen sind, um einen echten zweiten Abschluss zu erhalten.

Ausschlaggebend für eine solche Entscheidung sollte die Sinnhaftigkeit in Bezug auf mögliche berufliche Ziele sein. Wird beispielsweise eine Stelle im Ausland angestrebt oder in einer Branche, bei der ein Fach-Bachelor leichteren

Zugang verspricht, oder wird der Zugang zu einem angestrebten weiterführenden Studium dadurch erleichtert, so ist zu einem Doppelstudium zu raten. Ob das aber die Einstellung ins Lehramt erleichtert, ist keineswegs sicher, denn das hängt von den Einstellungskriterien der Bundesländer ab – und hier entscheidet oft die Gesamtnote.

Eine Alternative könnte ein weiterführendes Studium – Master oder Doktorat – sein, s. dazu Abschn. 3.4.

5.4 Ausland: Immer eine Reise wert

Auch im Lehramtsstudium sind Auslandsaufenthalte möglich Für zukünftige Fremdsprachenlehrer sollte es selbstverständlich sein, mindestens einmal im entsprechenden Ausland zu leben, auch wenn das von der Universität nicht zwingend vorgesehen ist. Nur so lernen sie ihre Fremdsprache fließend zu sprechen und entwickeln eine echte Verbindung und ein tieferes Verständnis für das Land. Die so erworbene Begeisterung bereichert auch die Schüler und erleichtert den Lernerfolg.

Auslandserfahrungen wirken positiv auf die gesamte Persönlichkeit und sind daher allgemein zu empfehlen. Einmal für längere Zeit Ausländer und auf Hilfe von Einheimischen angewiesen gewesen zu sein, die Sprache anfangs nicht sicher zu beherrschen, im Studium bzw. der dortigen Tätigkeit erfolgreich zu sein und Freunde zu gewinnen, bereichert die Perspektive auf die eigene Person und das Herkunftsland ungemein.

Möglichkeiten gibt es viele: Auch Lehramtsstudierende können Auslandssemester an Universitäten in Europa (Erasmus+) oder auf der ganzen Welt (z. B. Deutscher Akademischer Austauschdienst DAAD, Kooperationen zwischen Universitäten) verbringen. Da im Ausland oft keine gesonderten Studiengänge für die Lehrerbildung existieren, können Lehramtsstudierende Kooperationen ihrer Fächer oder auch der EWS-Fächer mit ausländischen Universitäten nutzen. Auch später, als amtierender Lehrer, kann man im Ausland unterrichten (s. Abschn. 3.4).

Besonders interessant sind Angebote, die (Deutsch-)Unterricht im Ausland vorsehen, sei es an Universitäten (International Office der Herkunftsuniversität), Schulen (Fremdsprachenassistenz beim Pädagogischen Austauschdienst) oder auch an Goethe-Instituten. Diese Angebote stehen meist Lehramtsstudierenden aller Fächer offen. Auch Praktika an Schulen im Ausland können sehr interessante Erkenntnisse liefern. Wer einmal in Afrika oder China unterrichtet hat, erweitert seine Perspektive auf das deutsche Schulsystem.

Tipp Versuchen Sie, im Laufe Ihres Studiums einen Auslandsaufenthalt von mindestens zwei Monaten, besser einem Semester oder einem Jahr zu machen! Informieren Sie sich über die zahlreichen Möglichkeiten und Stipendien beim Zentrum für Lehrerbildung oder der Zentralen Studienberatung, dem International Office, dem Stipendienreferat, dem Praktikumsamt oder direkt bei den genannten Organisationen. Da es oft lange Fristen gibt, empfiehlt sich die Vorbereitung bereits ein bis ein halbes Jahr vor Abreise.

Studienleistungen, aber auch Praktika und schulische Erfahrungen im Ausland (z. B. beim Pädagogischen Austauschdienst) lassen sich oft für das Lehramtsstudium anerkennen. Fragen Sie hierzu im Rahmen Ihrer Vorbereitung die zuständige Fachstudienberatung bzw. das Praktikums- oder Prüfungsamt.

5.5 Praxiserfahrungen sammeln

Praxisseminare und Workshops Viele Unis bieten, um die Theorielastigkeit des Studiums auszugleichen, praxisorientierte Weiterbildungen an. Diese sind teilweise als Wahlpflichtkurse in das Studium integriert, teilweise aber auch freiwillig und zusätzlich, wie etwa im vielfältigen Professionalisierungsprogramm LehramtPRO der LMU München. Sinnvoll sind vor allem folgende Angebote:

- Lehrertrainings, die die Sicherheit der Lehrerkraft vor der Klasse und den Umgang mit Disziplinschwierigkeiten zum Thema haben. Diese Fertigkeiten werden im Studium oft nicht genug trainiert. Es ist jedoch sinnvoll, sie bereits im Studium zu üben und so besser auf das Referendariat vorbereitet zu sein.
- Weiterbildungen, die auf die Inklusion, d. h. den zunehmenden Anteil an Schülern mit sonderpädagogischem Förderbedarf und an zunehmende Heterogenität an Regelschulen und die damit verbundenen Herausforderungen für Lehrer, vorbereiten.
- Angebote, die den pädagogischen Horizont der Studierenden erweitern (z. B. Hospitationen bei besonderen Schulen, Theaterpädagogik).
- Angebote zum Einsatz von Medien im Unterricht und zur Medienerziehung.
- Weitere Angebote, die Sie bei der Bewältigung Ihrer beruflichen Aufgaben unterstützen (s. Abschn. 1.2), z. B. Umgang mit Mobbing, Kommunikationstechniken.

- Angebote, die Sie bei der Bewältigung des Studiums unterstützen (z. B. Prüfungsvorbereitung, Zeitmanagement).
- Vorbeugende Angebote zum Erhalt der Gesundheit im Hinblick auf typische Berufskrankheiten. Lehrer leiden häufig unter Problemen mit der Stimme oder dem Gehörsystem, aber auch psychischen Belastungen wie Stress und Burn-out. Entsprechende Weiterbildung betrifft insbesondere den schonenden Einsatz der eigenen Stimme, Maßnahmen zur Stressreduktion bzw. Vorbeugung von Burn-out (z. B. Meditation, Stressmanagement) und nicht zuletzt Möglichkeiten zum Senken des Geräuschpegels von Klassen (s. Stichwort Lehrertrainings).

Zudem bietet es sich an, im Laufe des Studiums eine eigene Materialsammlung aufzubauen (s. Kap. 3).

Tipp Fahnden Sie nach praxisorientierten Angeboten zuerst im Studienplan Ihrer Fächer und des Erziehungswissenschaftlichen Studiums, denn dann bekommen Sie i. d. R. dafür ECTS-Punkte. Zusatzangebote finden Sie beim Zentrum für Lehrerbildung, den Lehrstühlen und Fakultäten Ihrer Fächer sowie der Pädagogik, Schulpädagogik und Psychologie, aber auch u. a. bei der Zentralen Studienberatung, dem Career Service, der Studierendenvertretung oder der Bibliothek. Externe Anbieter können landesweite Hochschulen wie die Virtuelle Hochschule Bayern, Stipendiengeber oder private Weiterbildungseinrichtungen sein.

Außeruniversitäres Engagement Auch (ehrenamtliche) Arbeitserfahrungen außerhalb des Studiums können später im Lehrerberuf sehr nützlich sein. Erfahrungen aus der Nachhilfe, dem Leiten von Jugendgruppen, dem Trainieren von Sportmannschaften unterscheiden sich zwar vom Unterrichten an Regelschulen, bilden aber doch eine gewisse Grundlage im Bereich der Unterrichtsvorbereitung, der Differenzierung von Schülern, dem Umgang mit Gruppendynamik usw. Die Mitarbeit in der Studierendenvertretung bringt u. a. Praxiserfahrungen bei der Organisation von Veranstaltungen und Kenntnisse in Lehrerbildung und Gremienarbeit. Eine Stelle als Hilfswissenschaftler (Hiwi) an der Universität ermöglicht einen tieferen Einblick in wissenschaftliches Arbeiten des jeweiligen Fachgebietes. Auch die Mitarbeit an Sozial- und Bildungsprojekten (z. B. Deutschunterricht für Flüchtlinge, Schulbegleitung, Nachmittagsbetreuung an Schulen) bringt wertvolle Erfahrungen.

Tipp Je mehr Sie sich auch in ganz unterschiedlichen und andersartigen Tätigkeiten engagieren, desto mehr lernen Sie für Ihren Beruf und Ihr Leben. Aber verzetteln Sie sich nicht! Die erste (berufliche) Priorität sollte stets Ihre Eintrittskarte, das Lehramtsstudium, haben.

Was Sie aus diesem *essential* mitnehmen können

- Lehrer haben eine Vielzahl unterschiedlicher und komplexer Aufgaben. Einerseits müssen sie den Stoff vorbereiten, Klassenarbeiten korrigieren und benoten, andererseits Schüler individuell fördern und ihre Klasse(n) leiten.
- Eine Voraussetzung für erfolgreiches Unterrichten ist, dass Lehrer eine gute Beziehung zu Kindern bzw. Jugendlichen und jungen Erwachsenen aufbauen können und über geeignete Lehrmethoden verfügen.
- Der Weg zum Lehrerberuf führt über Studium und Referendariat und dauert ca. sechs bis sieben Jahre. Es gibt viele verschiedene Bereiche, in denen man arbeiten kann. Ein Quereinstieg ist ebenso möglich.
- Die Entscheidung will gut überlegt sein. Das Wissen über Beruf, Studienfächer und über die eigenen Stärken und Schwächen in Bezug auf die Berufswahl bilden die Basis, ein Orientierungspraktikum kann dabei helfen.
- Es ist empfehlenswert, das überwiegend theoretische Wissen im Studium durch eigene Initiative zu bereichern. Besonders günstig sind Gruppen- und Praxiserfahrungen, aber auch Weiterbildung in für Lehrer wichtigen Bereichen.

© Springer Fachmedien Wiesbaden GmbH, ein Teil von Springer Nature 2018

A. Romer, *Lehrer werden*, essentials,
https://doi.org/10.1007/978-3-658-21921-5

Wo gibt es Beratung?

Da die Berufswahl eine bedeutende Entscheidung ist, ist es nur natürlich, wenn vor, nach oder im Laufe des Studiums Zweifel auftreten. Die Beratungseinrichtungen stehen Ihnen für alle Fragen zum Lehramtsstudium und Lehrerberuf zur Seite.

Anliegen	Einrichtung
Fächerübergreifendes (Berufs- und Studienwahl bzgl. Lehramt, Fächerkombinationen, Hochschulzugang, NC, Neuorientierung)	Zentrum für Lehrerbildung
Allgemeines ohne Lehramt (Studienmöglichkeiten, Hochschulzugang, NC, Studienorganisation); Studieren mit Kind, Studieren mit Behinderung	Zentrale Studienberatung
Fachliches	Fachstudienberatung des betreffenden Faches
Prüfungen	Prüfungsämter
Auslandsstudium	International Office
Fragen zum Referendariat	Kultusministerium
Berufswahl, Alternativen zum Lehramt	Beratung Akademische Berufe der Arbeitsagentur
Psychologische Unterstützung	Psychosoziale Beratungsstellen, Hochschulgemeinden
Zimmervermittlung, Finanzielles	Studentenwerk

© Springer Fachmedien Wiesbaden GmbH, ein Teil von Springer Nature 2018

A. Romer, *Lehrer werden*, essentials,
https://doi.org/10.1007/978-3-658-21921-5

Zum Weiterlesen

Bauer, Joachim. 2006. *Warum ich fühle, was du fühlst. Intuitive Kommunikation und das Geheimnis der Spiegelneuronen*. München: Heyne (Empathie und emotionale „Ansteckung" sind für Lehrer zentral beim Umgang mit Schülern. Bauer gibt Einblick in die Wirkungen der gegenseitigen emotionalen, unbewussten Beeinflussung).

Bauer, Joachim. 2008. *Lob der Schule. Sieben Perspektiven für Schüler, Lehrer und Eltern*. München: Heyne (Bauer sagt: Disziplin kann allein nichts ausrichten. Wer in Schülern Motivation und Lust am Lernen wecken will, muss gelingende Beziehungen mit ihnen gestalten).

Dreikurs, Rudolf, Cassel Pearl, und Eva Dreikurs Ferguson. 2009. *Disziplin ohne Tränen*. Stuttgart: Klett-Cotta (Mit störendem Verhalten konstruktiv umgehen).

Großpietsch, Timo. 2016. Dokumentarfilm: Lehrkraft im Vorbereitungsdienst. NDR. (Begleitet drei Referendare in Hamburg, die in unterschiedlichen Umfeldern ihren persönlichen Weg zum authentischen Lehrer finden). www.ndr.de/kultur/film/Lehrer-einer-der-wichtigsten-Berufe-ueberhaupt,lehrkraefte100.html.

Guggenbühl, Allan. 1995. *Die unheimliche Faszination der Gewalt*. München: dtv (Anschauliche Denkanstöße zum Umgang mit Aggression und Brutalität unter Kindern und Jugendlichen).

Guggenbühl, Allan. 2004. *Pubertät – echt ätzend: Gelassen durch die schwierigen Jahre*. Freiburg: Herder (Unterhaltsame, lebensnahe Darstellung).

Jansen, Fritz, und Ulla Streit. 2006. *Positiv lernen*. Heidelberg: Springer (Detaillierte Anweisung zum Aufbau einer günstigen Eigensteuerung beim Lernen und zum Umgang mit Widerständen und Machtkämpfen).

Kahlert, Joachim, Klaus Zierer und Norman Dahlhues. 2011. *Ihr Einstieg in den Lehrerberuf*. Koblenz: Debeka (Knappe Einstiegshilfe fürs Referendariat). www.debeka.de/bestellung_mzl.

Lehrerbedarfsprognosen der Länder. www.bildungsserver.de/Lehrerbedarf-und-Lehrpersonalentwicklung-in-den-Bundeslaendern-5530.html.

Portale zur Auswahl von Studiengängen. www.hochschulkompass.de, www.studienwahl.de, http://studiengaenge.zeit.de/studienangebote/fachgruppe/lehramt.

Rosenberg, Marshall. 2016. *Gewaltfreie Kommunikation*. Paderborn: Junfermann (Ein Übungsbuch um Aggressionen zurückzuführen auf konstruktive Lösungen).

© Springer Fachmedien Wiesbaden GmbH, ein Teil von Springer Nature 2018

A. Romer, *Lehrer werden*, essentials,
https://doi.org/10.1007/978-3-658-21921-5

Schaarschmidt, Uwe, und Ulf Tieschke, Hrsg. 2007. *Gerüstet für den Schulalltag. Psychologische Unterstützungsangebote für Lehrerinnen und Lehrer*. Weinheim: Beltz (Zum Erhalt der Lehrergesundheit).

Schulz von Thun, Friedemann. 2012. *Miteinander reden*. Reinbek: Rowohlt (Sehr anschauliche Darstellung von Kommunikation und Missverständnis, für die Arbeit mit Schülern geeignet).

Spiewak, Martin. 2013. Ich bin superwichtig! www.zeit.de/2013/02/Paedagogik-John-Hattie-Visible-Learning/komplettansicht.

Umfangreiche Linkliste für Lehrerstellen. http://magazin.sofatutor.com/lehrer/2017/01/05/linkliste-stellenboersen-fuer-lehrer.

Unruh, Thomas. 2012. *Lebenslang Lehrer? Alternativen zum Lehrerberuf*. Weinheim: Beltz (Ratgeber mit Erfahrungsberichte).

Wie gut sind unsere Lehrer? (Dokumentarfilm des ZDF, abrufbar über Internet).

Weiterführende Literatur

Langer, Nicole. 2010. *Referate und Vorträge halten*. München: Compact (Gute Referate im Studium zu halten, sollte für Lehramtsstudierende selbstverständlich sein).

Meyer, Hilbert. 2007. *Leitfaden Unterrichtsvorbereitung*. Berlin: Cornelsen (Ein Klassiker).

Weidenmann, Bernd. 2015. *Handbuch Active Training*. Weinheim: Beltz (Methoden für Seminare mit aktiven Teilnehmern).

Printed in the United States
By Bookmasters